信息技术人才培养系列规划教材

Linux 云计算开发实战系列

Nginx

高性能 Web 服务器应用与实战

微课版

学 IT 有疑问
就找千问千知!

◎ 千锋教育高教产品研发部 编著

人民邮电出版社

北京

图书在版编目（CIP）数据

Nginx高性能Web服务器应用与实战：微课版 / 千锋
教育高教产品研发部编著. -- 北京 : 人民邮电出版社,
2022.1 (2023.4重印)
信息技术人才培养系列规划教材
ISBN 978-7-115-56219-7

Ⅰ. ①N… Ⅱ. ①千… Ⅲ. ①网络服务器－教材
Ⅳ. ①TP393.09

中国版本图书馆CIP数据核字(2021)第054071号

内 容 提 要

Nginx 是一款备受关注的高性能、轻量级的 Web 服务器软件，具备良好的发展趋势与潜力。本书针对具备 Linux 操作系统基础知识或者具备某一种高级编程语言基础知识的读者，帮助读者从本质上掌握 Nginx 的相关知识，使读者能够在实战中灵活运用 Nginx。

本书共 13 章，内容包括初识 Nginx、网络协议、Nginx 基础配置、Nginx 日志、Web 模块、访问限制与访问控制、反向代理、动态网站、交互式业务与 PHP-FPM、Nginx 重写、证书与版本、负载均衡以及完整的网站架构。其中，第 13 章着重介绍通过 Nginx 网站优化，以及通过 Nginx 与其他应用进行整合，搭建一个具备高可用、动静分离、主从复制的分布式集群案例，目的是使读者对前 12 章所学的知识进行巩固与提高，达到融会贯通的效果。

本书既可作为高等院校计算机、云计算等专业的教材，还可作为工程技术人员的参考书。

- ◆ 编　著　千锋教育高教产品研发部
　　责任编辑　李　召
　　责任印制　王　郁　马振武
- ◆ 人民邮电出版社出版发行　　北京市丰台区成寿寺路 11 号
　　邮编　100164　电子邮件　315@ptpress.com.cn
　　网址　https://www.ptpress.com.cn
　　三河市君旺印务有限公司印刷
- ◆ 开本：787×1092　1/16
　　印张：15.5　　　　　　　　　2022 年 1 月第 1 版
　　字数：413 千字　　　　　　　2023 年 4 月河北第 2 次印刷

定价：59.80 元

读者服务热线：(010)81055256　印装质量热线：(010)81055316
反盗版热线：(010)81055315
广告经营许可证：京东市监广登字 20170147 号

编　委　会

当今世界是知识爆炸的世界，科学技术与信息技术快速发展，新型技术层出不穷，教科书也要紧随时代的发展，纳入新知识、新内容。目前很多教科书注重算法讲解，但是如果在初学者还不会编写一行代码的情况下，教科书就开始讲解算法，会打击初学者学习的积极性，让其难以入门。

IT 行业需要的不是只有理论知识的人才，而是技术过硬、综合能力强的实用型人才。高校毕业生求职面临的第一道门槛就是技能与经验。学校往往注重学生理论知识的学习，忽略了对学生实践能力的培养，导致学生无法将理论知识应用到实际工作中。

为了杜绝这一现象，本书倡导快乐学习、实战就业，在语言描述上力求准确、通俗易懂，在章节编排上循序渐进，在语法阐述中尽量避免术语和公式，从项目开发的实际需求入手，将理论知识与实际应用相结合，目标就是让初学者能够快速成长为初级程序员，积累一定的项目开发经验，从而在职场中拥有一个高起点。

千锋教育

本书介绍

随着互联网的普及，人们的生活逐渐走向网络化，越来越多的人成为网络用户。伴随着用户的增多，老牌的 Web 服务器软件迎来了巨大的挑战，面临着承载大量用户访问的压力。Nginx 作为 Web 服务器软件中的一颗"新星"，能够完美地支持万级并发，满足用户所需，逐渐超越 Apache 成为市场份额最多的 Web 服务器软件。

第 1 章介绍 Web 服务的概念，并将 Nginx 与 Apache 等其他 Web 服务器软件进行了对比，体现出 Nginx 作为 Web 服务器软件的优势所在。

第 2 章介绍网络协议概念和 Web 服务常用的 TCP 与 HTTP，使读者能够了解客户端与服务器端的联系。

第 3 章介绍组成 Nginx 的各个模块与配置文件和 Nginx 的安装方式，使读者从结构上了解 Nginx。

第 4 章介绍 Nginx 日志的管理方式，使读者在访问出错时能够试着自己排错，锻炼思维。

第 5 章详细介绍 Web 的常用模块，使读者更深层次地认识 Nginx。

第 6～7 章分别讲解 Nginx 访问限制与访问控制和 Nginx 反向代理，使读者认识到 Nginx 实现各功能的方式。

第 8～9 章分别讲解动态网站与交互式业务的构建方式，使读者能够熟悉网站业务从无到有的具体过程。

第 10～12 章分别讲解 Nginx 重写、CA 证书与 Nginx 版本、负载均衡，使读者掌握增加 Nginx 网站可靠性的具体方式。

第 13 章讲解一个完整的 Nginx 网站架构搭建过程，其中包括多种增强网站架构的技术，如高可用方案、动静分离、主从复制等，使读者能够在学习之后快速将知识运用到实践当中，并且有能力搭建出一个既完整又可靠的网站架构。

针对高校教师的服务

千锋教育基于多年的教育培训经验，精心设计了"教材+授课资源+考试系统+测试题+辅助案例"教学资源包。教师使用教学资源包可节约备课时间，缓解教学压力，显著提高教学质量。

本书配有千锋教育优秀讲师录制的教学视频，按知识结构体系已部署到教学辅助平台"扣丁学堂"，可以作为教学资源使用，也可以作为备课参考资料。本书配套教学视频，可登录"扣丁学堂"官方网站下载。

高校教师如需配套教学资源包，也可扫描下方二维码，关注"扣丁学堂"师资服务微信公众号获取。

扣丁学堂

针对高校学生的服务

学 IT 有疑问，就找"千问千知"，这是一个有问必答的 IT 社区。平台上的专业答疑辅导老师承诺在工作时间 3 小时内答复您学习 IT 时遇到的专业问题。读者也可以通过扫描下方的二维码，关注"千问千知"微信公众号，浏览其他学习者在学习中分享的问题和收获。

学习太枯燥，想了解其他学校的伙伴都是怎样学习的？你可以加入"扣丁俱乐部"。"扣丁俱乐部"是千锋教育联合各大校园发起的公益计划，专门面向对 IT 有兴趣的大学生，提供免费的学习资源和问答服务，已有超过 30 万名学习者获益。

千问千知

资源获取方式

本书配套资源的获取方法：读者可登录人邮教育社区 www.ryjiaoyu.com 进行下载。

致谢

本书由千锋教育云计算教学团队整合多年积累的教学实战案例，通过反复修改最终撰写完成。多名院校老师参与了教材的部分编写与指导工作。除此之外，千锋教育的 500 多名学员参与了教材的试读工作，他们站在初学者的角度对教材提出了许多宝贵的修改意见，在此一并表示衷心的感谢。

意见反馈

虽然我们在本书的编写过程中力求完美，但书中难免有不足之处，欢迎读者给予宝贵意见。

千锋教育高教产品研发部

2021 年 10 月于北京

目 录 CONTENTS

1

第 1 章　初识 Nginx

本章学习目标

- 了解 Web 服务器软件的整体发展趋势
- 熟悉 Nginx 作为 Web 服务器软件的优势
- 熟悉多路复用的特点
- 掌握 Nginx 的安装方式

初识 Nginx

在日常生活中，用户浏览的网站，如百度、淘宝等，是基于 Web 服务器才能够被访问的。Nginx 是最流行的 Web 服务器软件之一，依托其强大的性能，成为众多 Web 服务器软件中一颗冉冉升起的"新星"。尤其是近几年，Nginx 的市场份额逐渐超越 Apache，发展前景十分乐观。本章将对 Nginx 的特征和优势进行详细讲解。

1.1　Web 服务与 Nginx

1.1.1　Web 服务简介

Web 服务是给用户提供登录的平台，以达到上网目的的服务。例如，用户在网上商城买东西，网上商城就为用户提供了一个 Web 服务，使用户能够对网站进行浏览和操作。

下面介绍 4 款常用的 Web 服务器软件。

1. Apache

Apache（Apache HTTP Server）由伊利诺伊大学厄巴纳-香槟分校的国家超级计算机应用中心（National Center for Supercomputer Application，NCSA）开发（见图 1.1），是 Apache 基金会的一款 Web 服务器软件。由于它的跨平台性和安全性，从 1996 年 4 月至今，它一直是世界最流行的 Web 服务器软件之一。

图 1.1　Apache 商标

2. Lighttpd

Lighttpd（见图 1.2）是开源软件中较为优秀的 Web 服务器软件之一。它的开发初衷就是提供一个更安全、快速，有更高灵活性的网站服务环境，所以它具有占用内存少的特点，并且对 CPU 处理速度进行了优化。

3. Node.js

Node.js（见图 1.3）是 2009 年 5 月被 Ryan Dahl 开发出来的，于 2011 年 7 月在微软的支持下发布了 Windows 版本，是一款较为"年轻"的 Web 服务器软件。

图 1.2　Lighttpd 商标

图 1.3　Node.js 商标

4. Nginx

Nginx（见图 1.4）是目前市场发展趋势较为乐观的一款 Web 服务器软件。由于它具备安装更简单、配置文件更简洁、漏洞较少并且启动容易等一系列优势，因此深受广大 IT 人士的喜爱。

图 1.4　Nginx 商标

1.1.2　Web 服务器软件发展趋势

在 IT 行业，Apache 曾经是用户量世界排名第一的 Web 服务器软件，属于 Web 服务器软件中"元老级"的存在。虽然 Apache 几乎占据了整个 Web 服务器软件市场，但随着 IT 行业的不断发展与 Web 技术的不断创新，许多新的 Web 服务器软件不断涌现，Apache 的市场份额在逐年下降，如表 1.1 所示。

表 1.1　　　　　　　　　　　　　2020 年 3 月 Web 服务器软件所占市场份额

Web 服务器软件	百分比	相较上个月增长
Nginx	37.47%	1.00%
Apache	24.24%	−0.27%
Microsoft	13.50%	−0.71%
Google	3.26%	0.08%

从表 1.1 中不难看出（图片来源于 Netcraft 网站），Apache 所占领的市场份额有逐年下降的趋势，伴随着其他 Web 服务器软件市场份额的上涨，整个 Web 服务器软件的发展呈"百花争艳"形势。特别

是 Nginx 的市场份额呈快速增长态势，目前已经超越 Apache，成为市场份额最高的 Web 服务器软件。

1.1.3　了解 Nginx

Nginx（Engine x）是一款高性能、轻量级的 Web 服务器软件，是一款反向代理服务器软件，也是一款邮箱代理服务器软件（IMAP/POP3/SMTP）。Nginx 第一个公开版本 0.1.0 于 2004 年 10 月 4 日发布，2020 年 7 月 7 日 Nginx 1.19.1 主线版发布。

在互联网还没有普及的时候，网络只能算是一个小的集合，网上用户不多，也不存在高并发的风险。而随着互联网的高速发展和用户的增加，服务器宕机（故障）已经是司空见惯的事了。于是运维工程师们开始在服务器架构中实现高可用，使得服务器架构更加强壮，可承载更多的用户同时访问。但是计算机用户的增加速度越来越快，即使架构支持了高并发仍然远远不够，服务器宕机仍是常事。如当某件事引发社会广泛关注时，大量用户会同时浏览网站（如微博）上的相关内容，这正是考验微博 Web 服务器并发处理能力的时候，如图 1.5 所示。

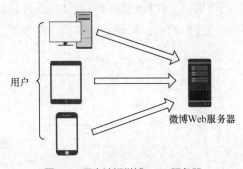

图 1.5　用户访问微博 Web 服务器

服务器架构是指由多台服务器组成的系统类设计，高并发是指在同一时间内有上千或者上万用户同时访问服务器，高可用是指在高并发的情况下，服务器架构不会因为某一台服务器宕机而全部不可用。

在互联网普及之后，单台服务器如何支持上万并发量成为亟待解决的问题，这也是著名的"C10k问题"，而 Nginx 的诞生近乎完美地解决了这个问题。由于它占用内存少、并发量高，所以我国很多互联网公司都在用，如百度、新浪、腾讯、京东、淘宝等。

作为 Web 服务器软件，与 Apache 相比，Nginx 支持更高的并发量，有许多独特的优势，两者对比如表 1.2 所示。

表 1.2	Apache 与 Nginx 对比	
对比项	Apache	Nginx
模块	模块较多、编写复杂	模块较少、编写简单
处理请求能力	擅长处理动态请求	擅长处理静态请求
配置	配置复杂、易出错	配置简单、操作方便
资源占用	重量级、占用资源较多	轻量级、占用资源更少
处理并发能力	一个线程处理一个请求	一个线程处理多个请求，支持万级并发

Nginx 的代码全部是用 C 语言编写的，并且兼容众多操作系统，如 Linux、macOS、Solaris、

FreeBSD 以及 Windows。它稳定性高、功能集丰富、示例配置文件和系统资源消耗低，这也是它相较于其他 Web 服务器软件更加受欢迎的原因之一。

1.2 Nginx 优势：I/O 多路复用

1.2.1 I/O 接口与 I/O 流

在分析 Nginx 的 I/O 多路复用之前，首先要了解 I/O 的概念。其中，I 是指输入（Input），O 是指输出（Output）。它们为命令与数据的传输提供了一个接口，也可以反映出 I/O 设备的工作与状态。

当传输数据时，数据通过 I/O 接口出入源地址与目标地址，I/O 接口起到输入和输出的作用；可以将 I/O 接口理解为输入和输出的设备，如键盘、鼠标、打印机、磁盘机、扫描仪、显示器等。

这里还涉及一个 I/O 流（Sock）的概念。I/O 流可以抽象地理解为数据的序列以流的形式进行传输，主要处理设备之间的数据传输。当传输数据时，源地址通过接口输出一个 I/O 流，I/O 程序去读取数据，再将读到的数据通过接口写入目标地址。其实传输数据就是一个读取和写入的过程，如图 1.6、图 1.7 所示。

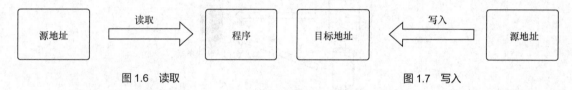

图 1.6 读取　　　　　　　　　　　　　　　　　　图 1.7 写入

1.2.2 理论方法

在传统的多线程并发中，每一个 I/O 流进入目标主机的时候，系统都会分配一个线程管理，如图 1.8 所示。这样一来，服务器与用户之间就一直保持着同步联系。如果服务器响应时间长，将会非常浪费资源。例如，理发店每进来一位客人就会有一位理发师去为他服务，在这期间，这位理发师会一直服务于一位客人，直到客人离开。

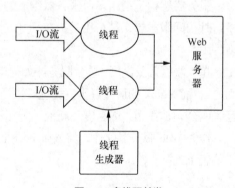

图 1.8 多线程并发

当用户向服务器发起请求时，服务器生成一个线程去管理，并将请求转发到数据库。数据库再从海量数据中匹配用户所需的数据，数据库匹配数据的速度相较于 Web 服务器是特别慢的。在这段时间，服务器一直与用户保持联系，这意味着线程一直在运行，一直在耗费资源，并且此时不止一位用户在访问，而有多位用户。有多少用户访问就要开启多少线程，这给服务器带来极大的压力，服务器随时都有宕机的可能。

现在有了 Nginx，它最大的优势就是 I/O 多路复用。I/O 多路复用的原理是单个线程通过监控每个 I/O 流，以类似拨开关的方式去管理多个会话，如图 1.9 所示。其实就是当请求等待数据库处理时，线程又去处理其他请求；当之前的请求返回时，线程又继续处理之前的请求。这样不仅增加了服务器的吞吐量，也就是在单位时间内处理了更多请求，还减少了系统资源消耗。

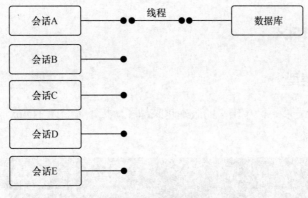

图 1.9 I/O 多路复用

在日常生活中，类似多路复用的事件有许多。例如，许多人在同一时间去同一个饭店吃饭，每个人的需求是不一样的，有人喜欢吃面，有人喜欢吃米饭。当第一桌客人把这些需求告诉服务员之后，服务员就把这些需求告诉后厨，让后厨去做。然后服务员又会去询问第二桌客人吃什么。当后厨把第一桌客人的菜做好后，服务员才会把做好的菜端给第一桌客人，这样就由一个服务员来满足多桌客人的需求。

1.2.3 多路复用的实现方式

多路复用的概念在很早之前就有人提出，也出现了相应的技术，但技术上的缺陷也一直存在着。直到 2002 年，epoll 实现了多路复用。它修复了之前的绝大部分问题，可以说是 I/O 多路复用技术的一个质的飞跃。

epoll 最大的特点就是异步、非阻塞。异步是指线程在将请求发送给数据库处理时，它不会一直等待请求返回。而它不等待请求返回就去休息或者做别的事，这就是非阻塞。

服务器端中每进来一个请求，会有一个线程去处理。但当它将请求发送给数据库时，数据库无法立即将请求返回，这就发生了阻塞。这时线程并不会一直等着，而是先去注册一个事件。一旦请求返回，就会触发之前注册的事件，系统会通知这个线程回来接着处理之前的请求，这就是异步回调，如图 1.10 所示。此时，如果再有请求进来，它就会接着按这种方式处理。

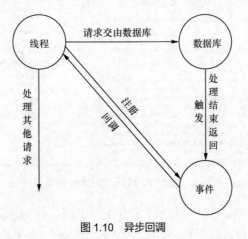

图 1.10 异步回调

5

1.3 安装 Nginx

1.3.1 Nginx 版本类型

随着 Nginx 的不断发展，衍生出来的版本越来越多。接下来登录 Nginx 官方网站来了解它的版本信息，如图 1.11 所示。

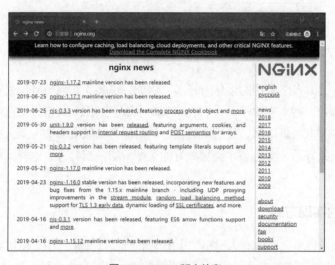

图 1.11　Nginx 版本信息

通常人们都会选择安装最新版，因为最新版的性能往往更佳。但当用户单击最新版链接之后，官方会将其他的版本也显示出来供用户再次选择。图 1.12 所示为 Nginx 的各个版本的发布日期和相较于上一版本的更新说明。

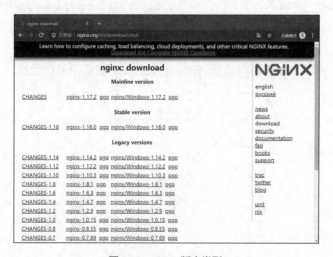

图 1.12　Nginx 版本类型

这里 Nginx 版本分为三种类型：主线版、稳定版、旧版。主线版是最新发布的版本，也就是说它的新漏洞还没有被发现，目前很少有人知道它的稳定性如何。如果在生产环境中使用主线版，很有可能出现新漏洞，为网站维护增加难度，还会对企业线上业务造成不必要的损失。旧版虽然相对主线版更加稳定，但性能一般比稳定版差。企业通常都选择使用稳定版，而主线版通常在测试环境中进行试用。

1.3.2 YUM 安装 Nginx

每一款软件的安装方式在其对应的官方网站都可以找到，Nginx 的安装链接就在它的版本类型的下方，如图 1.13 所示。

单击链接，在新页面中找到所使用系统版本的安装方式，这里以 CentOS 为例，如图 1.14 所示。

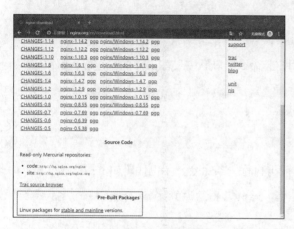

图 1.13 Nginx 安装链接

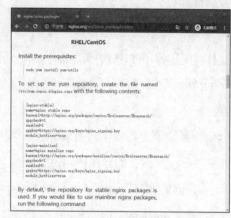

图 1.14 安装方式

在安装 Nginx 之前需要配置软件包存储库，而这里所使用的工具叫作 YUM。

YUM（Yellowdog Updater, Modified）是基于 Linux 操作系统 CentOS 发行版的包管理工具，而 YUM 使用的软件管理地址被称为 YUM 源，YUM 源指向的软件包仓库叫作 Yum 仓库。通常工程师们从网站中下载源码包来安装软件时，很有可能所安装的软件需要另外的依赖包，甚至可能依赖包不止一个。而使用 YUM 安装软件就不会发生这样的事，它会将安装软件所需要的依赖包一次性装好，减少了许多不必要的麻烦。

接着，打开终端远程连接需要安装 Nginx 的服务器，开始按照 Nginx 官方网站的方式安装 Nginx。在这之前有一个先决条件，那就是下载 yum-utils 包。它是 YUM 仓库的一个扩展库，具体操作代码如下：

```
[root@nginx ~]# sudo yum install yum-utils
```

或者：

```
[root@nginx ~]# yum -y install yum-utils
```

在安装过程中，系统会显示出源码包的大小并询问是否继续，这时只需要输入"y"并按"Enter"键。

现在可以配置 YUM 仓库了，创建一个/etc/yum.repos.d/nginx.repo 文件，示例代码如下：

```
[root@nginx ~]# touch /etc/yum.repos.d/nginx.repo #创建文件
[root@nginx ~]# vim /etc/yum.repos.d/nginx.repo #编辑文件
```

并在其中添加如下内容：

```
[nginx-stable]
name=nginx stable repo
baseurl=http://nginx.org/packages/centos/$releasever/$basearch/
gpgcheck=1
enabled=1
gpgkey=https://nginx.org/keys/nginx_signing.key

[nginx-mainline]
name=nginx mainline repo
baseurl=http://nginx.org/packages/mainline/centos/$releasever/$basearch/
gpgcheck=1
enabled=0
gpgkey=https://nginx.org/keys/nginx_signing.key
```

这样就配置好了 YUM 仓库。此时如果使用安装命令会默认安装 Nginx 的稳定版，示例代码如下：

```
[root@nginx ~]# sudo yum install nginx
```

或者：

```
[root@nginx ~]# yum -y install nginx
```

想要安装主线版，需要在使用安装命令之前再执行一条命令，示例代码如下：

```
[root@nginx ~]# sudo yum-config-manager --enable nginx-mainline
```

当看到 "Complete!" 时，Nginx 安装完毕。

最后就是启动 Nginx 了，示例代码如下：

```
[root@nginx ~]# systemctl start nginx
```

只需要将启动命令中的 start 改为 stop 即可停止 Nginx 运行，示例代码如下：

```
[root@nginx ~]# systemctl stop nginx
```

这个命令一般不会用到，使用较多的是 Web 服务的重启命令，示例代码如下：

```
[root@nginx ~]# systemctl restart nginx
```

1.3.3　源码安装 Nginx

尽管 YUM 安装 Nginx 十分便捷，但是这种安装方式大大限制了它的模块功能。Nginx 不能直接工作，只是提供一个核心，并依赖模块进行工作。YUM 的安装使 Nginx 无法使用自定义模块，这无疑会给线上业务运行带来麻烦。于是，在生产环境中一般都使用源码包进行编译安装。

首先需要安装编译所需的工具和依赖库，示例代码如下：

```
[root@nginx ~]# yum -y install gcc gcc-c++ pcre-devel openssl-devel
```

这里 gcc 与 gcc-c++ 都是编译程序，pcre-devel 与 openssl-devel 都是解析库，也可以说是 Nginx 的依赖包，用于解析源码。

接下来就是获取源码包，有如下两种方式。

方式一是直接从 Nginx 官方网站下载源码包到计算机，然后通过终端模拟器用 rz 命令将其上传到服务器。rz 命令也需要安装，但是不能直接用 YUM 安装，在 CentOS 中它与 sz 命令是一起的，示例代码如下：

```
[root@nginx ~]# yum -y install lrzsz
```

这里 sz 代表下载，rz 代表上传。在终端模拟器输入 rz 并执行，示例代码如下：

```
[root@nginx ~]# rz
```

这时会弹出图 1.15 所示的对话框，选择源码包所在路径并单击"确定"。

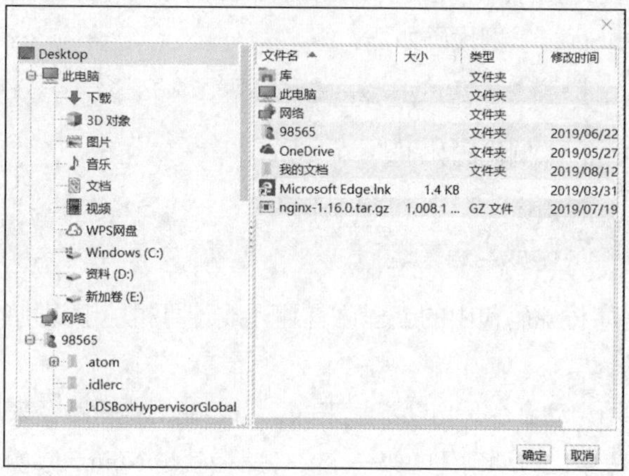

图 1.15　rz 命令上传源码包

方式二是使用 wget 命令加源码包链接直接将源码包下载到服务器，这个命令通常用于服务器直接从网站下载东西。先在 Nginx 官方网站找到源码包并获取它的链接，再回到终端模拟器进行操作，示例代码如下：

```
[root@nginx ~]# wget http://nginx.org/download/nginx-1.16.0.tar.gz
```

这个方式更加快捷，但是在特殊情况下也会用到方式一。

将源码包上传至服务器后，创建一个放置它的文件夹，示例代码如下：

```
[root@nginx ~]# mkdir /tmp/qianfeng_nginx
```

这里的路径是自定义的，不必与示例中一样。

再使用 mv 命令将源码包移动到创建的文件夹中，示例代码如下：

```
[root@nginx ~]# mv nginx-1.16.0.tar.gz /tmp/qianfeng_nginx/
```

进入放置源码包的文件夹，示例代码如下：

```
[root@nginx ~]# cd /tmp/qianfeng_nginx/
```

之后开始解压缩源码包，示例代码如下：

```
[root@nginx ~]# tar xf nginx-1.16.0.tar.gz
```

这里值得注意的是源码包的格式。由于它是一个 tar 包，所以用 tar 命令来解压。如果是 zip 包，就使用 unzip 命令解压，不同的包格式有不同的解压方式。解压之后会发现在文件夹中多了一个 nginx-1.16.0 文件夹，进入这个文件夹开始配置和检测环境，示例代码如下：

```
[root@nginx ~]# cd nginx-1.16.0
[root@nginx ~]# ./configure \ #检测配置环境
--prefix=/usr/local/nginx/ \ #自定义安装路径
--with-http_ssl_module #启用模块
```

这里./configure 是配置和检测安装环境的命令，在使用源码包安装软件时经常用到。--prefix=后边是自定义的安装路径，一定要记住，安装路径在操作时会起到很大作用。--with-是启用自定义模块命令，这里启用的是负责支持 HTTPS 的模块，是一种常见的自定义模块。"\"是指这条命令还没有结束，将在下一行继续，直到没有"\"的地方结束执行命令，这种方式非常适合执行长命令时使用。因此这条命令也可以写成一行，示例代码如下：

```
[root@nginx ~]# ./configure --prefix=/usr/local/nginx/ --with-http_ssl_module
```

接下来就是编译和安装，示例代码如下：

```
[root@nginx ~]# make #编译
[root@nginx ~]# make install #安装
```

编译就是通过编译程序将源码包中的编程语言翻译成计算机能够识别的计算机语言，而计算机语言就是由 0 和 1 组成的。

所有源码安装的软件用启动命令是启动不起来的，需要使用绝对路径来启动。如果没有提前设置安装路径，那么在安装过程中，自动创建的第一个文件路径就是 Nginx 的绝对路径，示例代码如下：

```
[root@nginx ~]# /usr/local/nginx/sbin
```

然后使用这个路径来启动 Nginx，示例代码如下：

```
[root@nginx ~]# /usr/local/nginx/sbin/nginx
```

停止和重启也需要用到绝对路径，示例代码如下：

```
[root@nginx ~]# /usr/local/nginx/sbin/nginx -s stop #停止
[root@nginx ~]# /usr/local/nginx/sbin/nginx -s restart #重启
```

如果在生产过程中，需要重启但又不能中止线上业务时，就需要用到一种叫作平滑重启（Graceful Restart，GR）的技术。它可以在服务重启过程中，使服务器周边设备保持生产状态。当服务重启后自动与服务器的周边设备进行信息同步，示例代码如下：

```
[root@nginx ~]# /usr/local/nginx/sbin/nginx -s reload
```

1.3.4 访问 Nginx

Nginx 为用户提供了访问网站的平台，接下来试着去访问之前搭建好的 Nginx 服务。用户在访问之前需要关闭服务器的外部防火墙与内部防火墙，否则访问请求会被阻止。外部防火墙（Firewalld）就像是门上的锁，有人想进屋子就要通过门，但是门上了锁他就无法进去。内部防火墙（SElinux）就像是抽屉的锁，即使有人进了屋子，由于抽屉被锁，他也无法获取抽屉里的东西。关闭这两个防火墙有两种方式。

一种是永久关闭，示例代码如下：

```
[root@nginx ~]# sed -ri '/^SELINUX=/cSELINUX=disabled' /etc/selinux/config # 关闭
```

```
SElinux
[root@nginx ~]# systemctl disable firewalld.service #关闭 firewalld
```

另一种是临时关闭，示例代码如下：

```
[root@nginx ~]# systemctl stop firewalld.service #关闭 firewalld
[root@nginx ~]# setenforce 0 #关闭 SElinux
```

之前已经启动了 Nginx，所以现在只需要打开浏览器，输入服务器的 IP 地址。当浏览器出现图 1.16 所示的页面时代表访问成功。

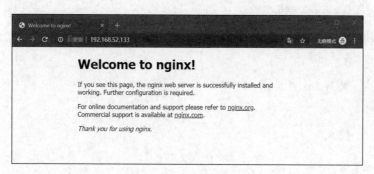

图 1.16　Nginx 默认主页

1.4　本章小结

本章主要讲解了目前 IT 行业的 Web 服务器软件的发展趋势、"后起之秀" Nginx 的相关知识、Nginx 在行业竞争中的优势，以及在 Linux 操作系统中安装 Nginx 的两种方式。通过本章的学习，读者对 Web 服务应有了一定的了解，对 Nginx 及其优势应有清晰的认识，也应掌握了 Nginx 的两种安装方式。其中最重要的安装方式是源码安装方式，这是一种企业级的安装方式，在企业中经常用到。

1.5　习题

1. 填空题

（1）_____服务是提供给用户通过流量登录的平台，以达到上网目的的服务。

（2）Nginx 是一款高性能、_____的 Web 服务器软件。

（3）数据源输出数据时，程序_____数据。

（4）数据输入目标地址时，程序_____数据。

（5）epoll 模式的特点是_____、_____。

2. 选择题

（1）下列支持单台服务器万级并发的 Web 服务软件是（　　）。

    A. Apache　　　　　　B. Other　　　　　　C. Google　　　　　　D. Nginx

（2）I/O 流可以简单理解为（　　）。

    A. 数据序列　　　　　B. 消息队列　　　　　C. 报文　　　　　　　D. 面向对象

（3）在传统的多线程并发中，服务器与用户始终保持（　　　）。

  A．异步   B．同步   C．半同步   D．半异步

（4）Nginx 最大的优势是（　　　）。

  A．I/O 多路复用 B．操作简单   C．稳定性高   D．会话同步

（5）目前 Nginx 实现 I/O 多路复用使用的模式是（　　　）。

  A．selec   B．epoll   C．poll   D．异步模式

3．简述题

（1）简述 I/O 多路复用的原理。

（2）简述 Nginx 主线版、稳定版、旧版的区别。

4．操作题

使用源码方式安装 Nginx 并访问。

02

第 2 章 网络协议

本章学习目标

- 了解 OSI 模型
- 熟悉 TCP 三次握手与四次挥手
- 了解 HTTP 的工作原理
- 熟悉 URI、URL、URN 三者的关系与含义
- 熟悉 HTTP 头部信息

网络协议

没有规矩，不成方圆。浏览器和服务器之间的交互也要遵循一定的规则，这个规则就是 HTTP。HTTP 是一种相对可靠的数据传输协议，它能够确保 Web 资源在传输的过程中不会被损坏或产生混乱。因为有了 HTTP，人们得以在拥有数以亿万计资源的互联网中畅快遨游。本章将对 HTTP 涉及的相关知识进行详细讲解。

2.1 了解网络协议

2.1.1 OSI 模型

网络协议是指计算机在通信时必须遵循的规则，这是一种笼统的说法。网络协议包括许多协议，如传输控制协议（Transmission Control Protocol，TCP）、用户数据报协议（User Datagram Protocol，UDP）、超文本传输协议（Hypertext Transfer Protocol，HTTP）、超文本传输安全协议（Hypertext Transfer Protocd Secure，HTTPS）等。在 20 世纪 70 年代，网络协议还没有标准化的划分，直到 1981 年国际标准化组织（International Organization for Standardization，ISO）推出了网络七层协议，此后这个划分标准被广泛应用。网络七层协议模型又叫作开放系统互连（Open System Interconnection，OSI）模型，简称 OSI 模型，它将复杂的网络划分为七层，使用户可以更好地理解，如图 2.1 所示。

OSI 模型划分为物理层、数据链路层、网络层、传输层、会话层、表示层、应用层。其中，层与层之间相互支持，每一层都服务于它的上一层，应用层直接服务于用户。从物理层到网络层为低层，被称为媒体层，用来支持设备连接：从传输层到应用层为高层，被称为主机层，用来支持用户操作。

接下来，将对各层的含义与用途进行详解。

1. 物理层

物理层（Physical Layer）是 OSI 模型中的最底层，由物理设备（如计算机、服务器等）构成。物理设备之间由媒体（如电缆、光纤等）连接，形成一个通路，供数据的传输。简单来说，互联网数据中心（IDC 机房），里面的设备就属于物理层，为网络提供最基础的物理支持，如图 2.2 所示。

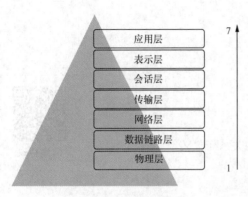

图 2.1　OSI 模型　　　　　　　　　　　图 2.2　互联网数据中心

2. 数据链路层

数据链路层（Data Link Layer）在物理层的传输基础上优化了传输功能。在这一层，协议规定数据传输的路线，每条数据都有特定的传输路线，这样的传输路线就叫作数据链路。数据在数据链路中传输，保证了在传输过程中不会出错，有助于更好地去服务网络层，如图 2.3 所示。例如，有了规划好的路线，公交车总能够准确地到达目的地。

图 2.3　数据链路层

3. 网络层

网络层（Network Layer）解决在网络中数据传输时的寻址、路由选择以及连接的建立、保持、终止等问题。寻址就是寻找目标地址，路由是指数据传输的路线。网络层自动寻找发送数据的目标地址，由于到达目标地址要经历多个网络节点，网络层会自动规划出最优传输路线。网络节点是能够连接网络并拥有唯一网络地址的设备，它可以是计算机、服务器、打印机等。许多的网络节点联合起来就组成了计算机网络系统。当远程传输数据时，需要两个网络地址之间建立并保持连接，传输结束后需要终止连接，这些都由网络层负责管理。

4. 传输层

传输层（Transport Layer）基于网络层进行设备之间的通信。它使用端口寻址的方式在两个主机的应用程序之间进行数据传输，也就是说它可以实现从一个端口到另一个端口的通信。在传输层传输的数据叫作报文。传输层为会话层提供了可靠的传输。例如，当目标地址没有收到报文时，TCP 会发现并告诉源地址哪些报文没有收到，如图 2.4 所示。

5. 会话层

会话层（Session Layer）负责两个设备中应用程序之间的会话管理、会话同步及重新同步。其中会话管理包括建立会话、会话保持及会话终止。建立会话就是在两个设备之间建立一个会话连接，会话连接达到一定的时间之后会自动结束，这就是会话终止。在会话连接的基础上完成一个文件的传输后，会话连接并没有结束，在下一个文件需要传输时仍可使用此连接，这就是会话保持。

在传输文件之前，源地址会给目标地址发送一个请求消息。目标地址收到请求消息后给源地址发送一个反馈，告诉它"我准备好接收了"，使源地址了解目标地址的状态，并作出相应的动作。当传输下一个文件时，又会发起这样的会话，这就是会话同步。会话连接会在一段完整的数据传输结束时，创建一个校验点来记录此刻的状态。根据校验点，可以在传输过程中发生中断再重新开始时按照之前的状态传输，不需要再将传输过的数据重新传输，这就是重新同步，如图 2.5 所示。

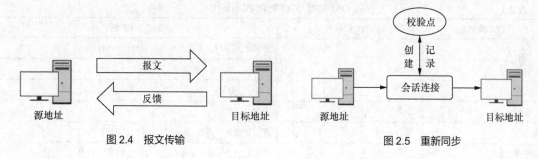

图 2.4　报文传输　　　　　　　　　　　图 2.5　重新同步

6. 表示层

表示层（Presentation Layer）可以对数据进行安全传输和语法翻译，在会话层的基础上使数据传输更加流畅。安全传输是在发送数据之前，将数据加密，使数据变成不可读的状态，当数据到达目标地址时就自动解密成可读状态。当两个系统语言不同的设备在传输数据时，表示层负责将源地址的系统语言翻译为目标地址可读的语言，这就叫作语法翻译。

7. 应用层

应用层（Application Layer）不同于其他层，它直接服务于用户，为用户提供应用服务。应用层协议规定了应用程序的数据格式，所有被开发出来的应用程序都必须遵循应用层协议。应用层是最高的一层，也由于应用程序的日趋多样化而成为最不成熟的一层，目前仍在不断完善。

2.1.2　TCP/IP 模型

OSI 模型虽然详细，但比较复杂。因此，网络模型除了可以划分为七层模型之外，还可以将其划分为五层或四层。其中最为重要的是 TCP 和 IP，这两种划分都被叫作 TCP/IP 模型。五层划分为应用层、传输层、网络层、数据链路层、物理层，四层划分为应用层、传输层、网络层、网络接口层，如图 2.6 所示。

TCP/IP 五层模型将 OSI 模型中的应用层、表示层、会话层都归纳为应用层，TCP/IP 四层模型又在五层模型的基础上，将数据链路层与物理层归纳为网络接口层。四层与五层模型将七层模型做了简化，使人们更容易理解，如表 2.1 所示。

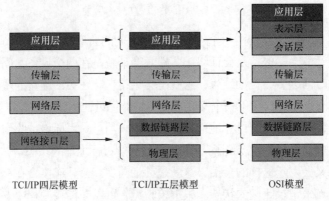

图 2.6 TCP/IP 模型与 OSI 模型

表 2.1　　　　　　　　　　　　　　　OSI 模型与 TCP/IP 四层模型

OSI 模型	TCP/IP 四层模型	对应网络协议
应用层		HTTP、TFTP、FTP、NFS、WAIS、SMTP
表示层	应用层	Telnet、Rlogin、SNMP、Gopher
会话层		SMTP、DNS
传输层	传输层	TCP、UDP
网络层	网络层	IP、ICMP、ARP、RARP、AKP、UUCP
数据链路层	网络接口层	FDDI、Ethernet、Arpanet、PDN、SLIP、PPP
物理层		IEEE 802.1A、IEEE 802.2～IEEE 802.11

这里 TCP/IP 模型中的 IP，不是指 IP 地址，而是指协议。IP 通过 IP 地址与媒体访问控制地址（Media Access Control Address，MAC 地址）定位源地址和目标地址，达到传输数据的目的。IP 地址用来标记用户的网络地址，MAC 地址用来标记用户的网络身份。IP 地址就像用户的住址，MAC 地址就像用户的身份证。IP 地址可以发生变化，而 MAC 地址绝对不会发生改变，因为 MAC 地址具有唯一性。

TCP 属于传输层，它以字节流的方式传输数据。字节流就是将庞大的数据切割成多个部分进行传输。例如，用户在网上商城购买一辆自行车，由于整个自行车体积比较大，商家会将自行车拆卸后发送，用户收到之后再将自行车组装起来。其实，字节流传输就是这样一个分解、运输、组装的过程。

2.1.3　TCP

TCP 是一种可靠的传输层通信协议，基于字节流。基于 TCP/IP 传输的数据都被分段压缩之后再进行传输，所以传输层传输的数据又被称为包，也叫数据包。在传输过程中，TCP 会将每个数据包编号，这样即使数据包丢失也能及时发现并重新传输，如图 2.7 所示。而一些不可靠的连接很容易发生数据包丢失，这一现象被称为丢包。

1.　创建连接——三次握手

TCP 是面向连接的，首先要创建连接。在创建连接的过程中客户端与服务器端要进行三次交互，而这三次交互被生动形象地叫作三次握手。

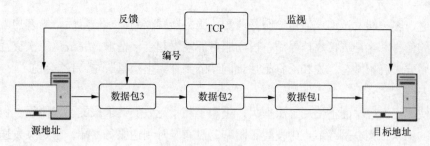

图 2.7　TCP 可靠的连接

（1）第一次握手

首先，服务器端创建传输控制块（Transmission Control Block，TCB），并进入监听（LISTEN）状态，随时可以与客户端进行连接。

客户端也需要创建传输控制块，接着向服务器端发送请求连接的报文，这是第一次握手。其中，报文包括：头部 SYN=1 和序列号 seq=x。由于这是一个 SYN 报文，所以不会传输数据，但会消耗掉一个序列号，发送之后客户端进入同步已发送（SYN-SENT）状态。

（2）第二次握手

服务器端收到请求连接的报文后，向客户端发送确认报文，这是第二次握手。其中，报文中内容为 ACK=1、SYN=1、返回序列号 ack=x+1，以及报文序列号 seq=y，之后服务器端进入同步收到（SYN-RCVD）状态。由于这个报文中也含有 SYN，所以同样不会传输数据，但仍会消耗序列号。

（3）第三次握手

客户端收到确认报文后，同样要给服务器端发送确认报文，这是第三次握手。其中，报文头部是 ACK=1，返回序列号是 ack=y+1，加入该报文的序列号 seq=x+1，之后客户端进入已建立连接（ESTABLISHED）状态。这次的报文中不含有 SYN，所以可以传输数据。如果不传输数据，就不需要消耗序列号了。

服务器端收到来自客户端的确认报文后，也进入已建立连接（ESTABLISHED）状态。此时，TCP连接创建完成，如图 2.8 所示。

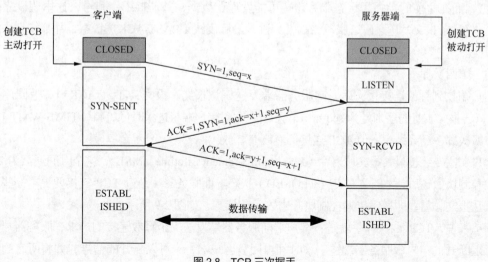

图 2.8　TCP 三次握手

简而言之，客户端发送请求信号给服务器端，服务器端收到请求信号后，给客户端发送一个可以建立连接的信号。客户端接收信号后，再向服务器端发起连接请求，完成这三次交互之后连接建立。例如，甲要去乙家做客，先和乙打招呼询问"能到你家坐坐吗"，接着乙会说"可以"，即得到确认后甲再去乙家。

之所以使用三次握手而不使用二次握手，是为了防止无效的请求报文引发错误。例如，客户端第一次发送的请求报文在网络节点中发生了阻塞，没有及时到达服务器端，于是又发送了一次创建TCP 连接请求，这次很快就建立了连接。这时，第一次发送的请求报文到达服务器端，于是又建立了一次连接，浪费了资源。如果使用三次握手，当客户端已经与服务器端建立了连接，即使处理了过期的请求报文，并给客户端发送了响应报文，客户端也不会再发送确认报文。

2. 终止连接——四次挥手

当客户端断开 TCP 连接的时候，需要与服务器端进行四次交互，这四次交互就叫作四次挥手。

（1）第一次挥手

首先，客户端向服务器端发送释放连接报文，同时停止数据传输。释放连接报文头部为 FIN=1，序列号为 seq=u。发送之后，客户端进入终止等待 1（FIN-WAIT-1）状态。无论 FIN 报文有没有传输数据，都需要消耗一个序列号。

（2）第二次挥手

服务器端收到释放连接报文之后，向客户端发送确认报文，报文头部为 ACK=1，返回序列号 ack=u+1、报文本身的序列号 seq=v。这条报文发送之后，服务器端就会进入关闭等待（CLOSE-WAIT）状态。这时，客户端不再发送数据，但仍可以接收数据，而服务器端仍可以向客户端发送数据，这个状态叫作半关闭状态。这个状态会持续一段时间，直到服务器端将所有数据发送完毕。

（3）第三次挥手

客户端收到服务器端的确认报文后，就会进入终止等待 2（FIN-WAIT-2）状态，同时接收数据并等待服务器端发送释放连接报文。

服务器端将数据发送完之后，接着向客户端发送释放连接报文。报文头部为 FIN=1，序列号为 ack=u+1，而在之前的半关闭状态服务器端可能发送了数据，并消耗了序列号，这里假设序列号为 seq=w。将这条报文发送之后，服务器端就会进入最后确认（LAST-ACK）状态，并等待客户端发送确认报文。

（4）第四次挥手

客户端收到释放连接报文后，向服务器端发送确认报文。报文头部为 ACK=1，返回序列号为 ack=w+1，报文本身的序列号为 seq=u+1。发送之后，客户端将进入时间等待（TIME-WAIT）状态。这时，四次挥手已经结束，但 TCP 连接仍然没有释放。

客户端需要经过最长报文段寿命（Maximum Segment Lifetime，MSL），这个时间通常为 2 分钟，将传输控制块撤销后，才进入关闭（CLOSED）状态。而服务器端结束 TCP 连接要更早一些，它一收到确认报文，就立即撤销传输控制块并进入关闭状态，如图 2.9 所示。

简单来说，TCP 四次挥手就是：客户端向服务器端发送一个释放连接的请求，服务器端先回复一个可以断开的信号；服务器端过一段时间再回复客户端一个可以断开的信号，并将所有的数据发送给客户端；客户端收到信号后，给服务器端发送确认释放连接信号，并释放连接。例如，甲在乙家做客要离开的时候，甲先与乙说明"我要走了"，接着乙会询问"真的要走了吗，请等一下"，然后送出准备好的礼物并回应"礼物拿好，再见"，甲收到礼物并回复"再见"后离开。

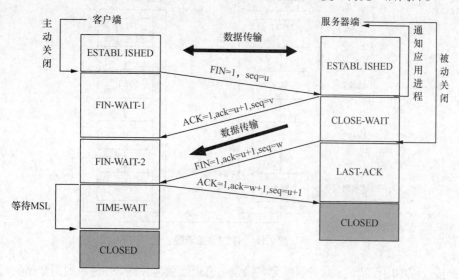

图 2.9　TCP 四次挥手

之所以在释放 TCP 连接之前要等待 MSL，是为了防止报文丢失。如果服务器端没有收到客户端最后的确认报文，将会再次发送释放连接报文，MSL 用来等待接收第二次释放连接报文。

2.2　了解 HTTP

2.2.1　HTTP 简介

HTTP 是一种面向连接的、建立在 TCP 上的无状态连接，服务于 Web 通信。

首先客户端与服务器端建立连接，用户只要在浏览器中单击某个链接或者输入网址，HTTP 就开始工作。HTTP 先建立客户端与服务器端的连接，再将客户端的请求发送给服务器端，其中包括网址、客户端信息等。服务器端接收到请求后，按照请求给客户端调用对应的文件，同时给客户端发送

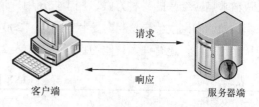

图 2.10　HTTP

一个响应信息。当客户端接收服务器端所返回的信息后，将请求到的资源通过浏览器显示出来，并断开连接，如图 2.10 所示。

从一个客户端发送请求开始，到一个服务器端响应结束叫作事务，每个事务结束后都会记录在服务器端的日志文件中。通常将客户端从服务器端请求到的文件数据称作"资源"，它以多种不同形式存在，可以是文本、图片等任何格式。

当用户在浏览器中输入域名后，浏览器会通过 HTTP 向对应域名的服务器发起"我想上网"的请求。服务器收到请求，将网站上的所有资源都调出来，呈现在浏览器中。如果单击网页中的某个超链接，浏览器再次发起"我想看这部分内容"的请求，服务器又将对应的内容呈现给用户。

HTTP 是基于 TCP 的，具体连接流程如图 2.11 所示。

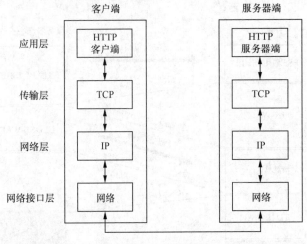

图 2.11　HTTP 连接流程

如果连接过程中出现错误，服务器端会将错误信息返回到客户端，并显示到浏览器上，如图 2.12 所示。

图 2.12　浏览器错误信息

在图 2.12 中，有一个明显的数字——404，它是一个状态码，表示请求的页面找不到。状态码是反映请求响应结果的一种方式，用于告知用户请求执行的结果，不同的状态码代表着不同的响应结果。例如，向网盘传送资料时，状态码为"200"，是成功的意思，表示这个文件被服务器端获取成功！除此之外，还有许多其他的状态码，如表 2.2～表 2.6 所示。

表 2.2　1XX 状态码

状态码	说明
100（继续）	告知客户端应当继续发送请求
101（切换协议）	表示服务器遵从客户端要变换通信协议的请求，切换到另外一种协议

表 2.3　2XX 状态码

状态码	说明
200（成功）	请求已成功，请求所希望的响应头或数据体将随此响应返回
201（已创建）	请求已被实现，新的资源已经依据请求建立，且其统一资源定位符（Uniform Resource Locator，URL）已经随位置响应头返回
202（已接受）	服务器已接受请求，但尚未完成处理，最终该请求可能会也可能不会被执行。这样做的目的是允许服务器接受其他过程的请求，而不必让客户端一直保持与服务器的连接，直到处理全部完成

状态码	说明
203（非权威信息）	服务器已成功处理请求，但返回的实体头部元信息不是在原始服务器上有效的确定集合，而是来自本地或者第三方
204（无内容）	服务器成功处理了请求，但不需要返回任何实体内容
205（重置内容）	服务器成功处理了请求，且没有返回任何内容，主要用于重置表单
206（部分内容）	服务器成功返回部分内容，还有剩余内容没有返回。大文件分段下载、断点续传等通常使用此类响应方式

表 2.4　　3XX 状态码

状态码	说明
300（多项选择）	被请求的资源有一系列可供选择的回馈信息，每个都有自己特定的地址和浏览器驱动的商议信息。用户或浏览器能够自行选择一个首选的地址进行重定向
301（永久移动）	请求的资源已被永久移动到新的 URL，响应信息会包含新的 URL，客户端会自动定向 URL
302（临时移动）	资源被临时移动，客户端继续使用原有 URL
303（参见其他）	与 302 类似，很多客户端处理 303 状态码的方式和 302 相同
304（未修改）	客户端请求的资源未修改，服务器返回此状态码，不会返回任何资源
305（使用代理）	告知客户端其请求的资源必须通过代理访问
307（临时重定向）	HTTP 1.1 新增的状态码，客户端只能重定向 GET 请求

表 2.5　　4XX 状态码

状态码	说明
400（请求无效）	客户端请求的语法错误，服务器无法理解请求
401（未经授权）	通知客户端发送请求时要带有身份认证信息
402（需要付款）	保留备用的状态码
403（禁止）	服务器理解客户端的请求，但拒绝处理
404（找不到）	服务器无法找到客户端请求的资源
405（请求方法被禁止）	客户端本次使用的请求方法不被服务器允许
406（不能接受）	服务器无法根据客户端请求的内容特性（如语言、字符集、压缩编码等）处理请求
407（需要验证代理身份）	请求要求代理的身份认证，与 401 类似，但请求者应当使用代理进行授权
408（请求超时）	服务器等待客户端发送的请求时间过长，超时
409（冲突）	服务器完成客户端的 PUT 请求时可能会返回此状态码，请求的操作和当前资源状态有冲突
410（离开）	客户端请求的资源已经被移除，服务器不知道重定向到哪个位置
411（需要长度）	服务器无法处理客户端发送的不带 Content-Length 请求头部的信息
412（先决条件错误）	客户端请求信息的先决条件在服务器检验失败
413（请求实体过大）	由于请求的实体过大，服务器无法处理，因此拒绝请求
414（请求 URI 过长）	请求的统一资源标识符（Uniform Resource Identifier，URI）长度超过了服务器能够解释的长度，因此服务器拒绝该请求
415（不支持的媒体类型）	请求中提交的实体并不是服务器所支持的格式，因此请求被拒绝
416（请求的范围无效）	客户端请求中指定的数据范围与当前资源的可用范围不重合
417（预期失败）	服务器无法满足请求头部 Expect 中指定的预期内容

表 2.6   5XX 状态码

状态码	说明
500（服务器内部错误）	服务器内部出现错误，无法处理请求
501（未实现）	服务器无法识别请求的方法，无法支持其对任何资源的请求
502（无效网关）	作为网关或者代理的服务器发送请求时，从上游服务器接收到无效的响应
503（服务不可用）	由于超载或系统维护，服务器当前无法处理请求
504（网关超时）	作为网关或者代理的服务器，未及时从上游服务器获取请求
505（HTTP 版本不被支持）	服务器不支持请求的 HTTP 的版本，无法完成处理

2.2.2 版本类型

在客户端发送 HTTP 请求之前，要先与服务器端建立一个 TCP 连接，在 TCP 连接的基础上完成 HTTP 请求与响应。在一次 HTTP 请求完成后，客户端与服务器端的 TCP 连接并没有关闭。在下一次 HTTP 请求开始时，可以直接使用这个现有的连接，不需要再进行三次握手，减少了资源消耗，这就是 TCP 长连接，如图 2.13 所示。

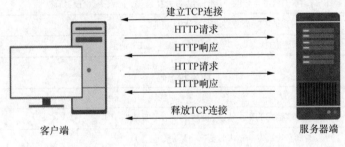

图 2.13 TCP 长连接

如果在一次 HTTP 请求完成后就关闭 TCP 连接，那么下次请求时需要重新建立连接，这就叫作 TCP 短连接。这样容易发生网络延迟，但可以减少并发量，如图 2.14 所示。

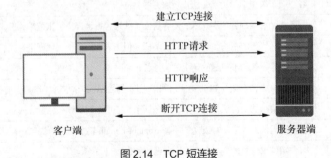

图 2.14 TCP 短连接

1. HTTP/0.9

HTTP/0.9 是 HTTP 的初始版本，它的结构简单，只能执行简单的 GET 请求方式，并且只能访问 HTML 格式的资源。

2. HTTP/1.0

HTTP/1.0 在请求信息尾部添加了协议版本——HTTP/1.0，并在 0.9 版本的基础上有了很大的改进。它增加了 POST 和 HEAD 请求方式，同时可以访问很多不同格式的资源，支持多种数据格式。另外，也支持高速缓存器（Cache），在规定时间内用户再次访问之前的资源，只需要访问 Cache 即可，减少了响应时间。但是 1.0 版本只能支持短连接，每一次请求都会经历三次握手和四次挥手，所以发送速度较慢。

资源格式类型的增多，又给 1.0 版本添加了一个任务，那就是告诉客户端所请求资源的格式类型。这些格式类型又被叫作多用途互联网邮件扩展（Multipurpose Internet Mail Extensions，MIME）类型。浏览器根据资源的不同格式使用不同的程序进行处理。常见的 MIME 如表 2.7 所示。

表 2.7　　　　　　　　　　　　　　　　　　　MIME 类型

类型	扩展名	说明
application/octet-stream	.bin	二进制文件
text/css	.css	叠层样式表
image/gift	.gif	图片文件
text/html	.html	超文本文件
audio/mpeg	.mp3	音频文件
application/x-tar	.tar	压缩文件
font/woff	.woff	开放字体格式

由于 HTTP/1.0 支持多种格式类型，所以也可以将文件压缩发送。

3.　HTTP/1.1

HTTP/1.1 最大的优势就是在一个完整的 HTTP 请求结束之后，TCP 连接是默认不关闭的，可以在下一次 HTTP 请求的时候接着使用这个 TCP 连接，完美地支持了长连接。目前，大多数浏览器在同一网站中都支持同时建立 6 个长连接，这样既降低了网络延迟又提高了传输能力。客户端和服务器端在一段时间内没有发生交互时，由客户端主动要求服务器端关闭 TCP 连接。

而之前的版本，客户端只能在收到一个请求的响应之后，再向服务器端发送接下来的请求，如图 2.15 所示。

图 2.15 中，请求 A 在之前的请求响应返回客户端时，才被发送出，而后边的请求都在请求队列中等待。

在 HTTP/1.1 中，不仅 TCP 连接可以进行复用，客户端还可以在同一个 TCP 连接中同时发送多个请求，这一改进大大提高了 HTTP 的工作效率，如图 2.16 所示。

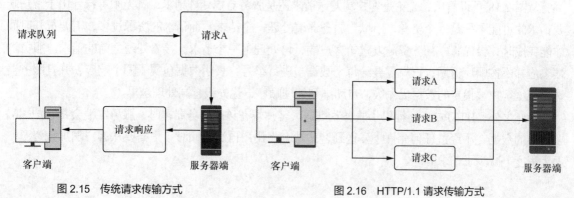

图 2.15　传统请求传输方式　　　　　　　　图 2.16　HTTP/1.1 请求传输方式

从图 2.16 中可以看出，多个请求被客户端同时发出，并且不存在请求队列，后续请求无须等待，直接发送。

4. HTTP/2.0

HTTP/1.1 虽然解决了客户端的请求阻塞问题，使请求的发送畅通无阻，但当请求到达服务器端时，又发生了阻塞。服务器端只能依次处理单个请求，如图 2.17 所示。

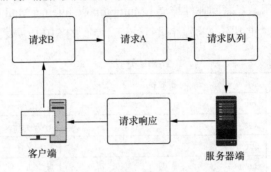

图 2.17　HTTP/1.1 请求处理方式

HTTP/2.0 很好地解决了这个问题，它支持服务器端多个进程同时处理，从请求到响应形成了一个顺畅的闭路，如图 2.18 所示。

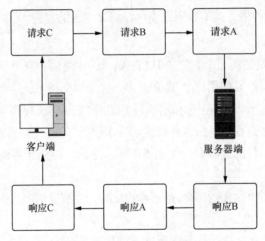

图 2.18　HTTP/2.0 工作方式

从图 2.18 可以看出，无论是客户端发送请求还是服务器端处理请求，都无须等待。由于客户端要请求的可能不只是一个资源，所以当服务器端处理一个请求，而请求的资源过多，需要很长时间才能完成时，会先将一部分资源发送给客户端，再处理下一个请求，接着处理之前的请求。服务器端响应并不按顺序返回，这就需要给每个数据包进行编号，表明数据包属于哪个响应，并且服务器端会根据客户端指定的数据优先级，自动排列处理顺序，优先级越高处理越早。

除此之外，HTTP/2.0 还提供了服务器推送。客户端在访问服务器端时，服务器端会将客户端需要获取的数据在不经过任何允许下发送到客户端。当用户再次访问时，只需要从客户端加载资源，很大程度上减少了请求时间。

2.2.3　URI

在互联网中,每个资源都由一个 URI 进行标识,用来区分不同。URI 包含了 URL 与 URN。URL 用于资源定位,也就是人们常说的网页地址。统一资源名称(Uniform Resource Name,URN)用于标记资源名称,每一项资源都有其特定的 URN,如图 2.19 所示。

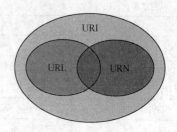

图 2.19　三者关系

例如,快递员送快递的时候,包裹上标注了收件人的姓名、地址。快递员根据地址找到了收件人所在的地方,由于这个地方可能不止一个人,快递员又根据姓名找到了具体收件人。这里的地址就相当于 URL,帮助快递员找到准确的地点;姓名相当于 URN,帮助快递员找到了收件人。

URL 表示互联网上的资源位置以及访问方法,是互联网上通用的标准资源地址。它能够明确地指出互联网上每个文件所在的具体位置,以及对资源进行怎样的处理,是寻求资源、获取信息必不可少的元素。URL 以字符串的形式来描述内容,一个 URL 资源对应一个 Web 资源,如图 2.20 所示。

图 2.20　URL 示例

图 2.20 所示,只要在浏览器中输入正确的 URL,服务器端就会找到对应的资源,并返回给客户端,客户端通过浏览器打开资源。

URN 仅仅用来标记命名,区分文件资源的不同,而不用于标记地址。例如,指定某一部书的某一版,来区分它与其他图书的不同。再如"IETF 规范 7230:超文本传输协议 (HTTP/1.1):Message Syntax and Routing",清晰地标注了资源的命名,根据这条信息可以准确查找到内容。

2.2.4　URL 语法

URL 并不是单个的个体,而是由多个必要或可选的部分组成的。下面将举例说明,如图 2.21 所示。

图 2.21　URL 组成示例

接下来,将用图 2.21 所示的 URL 来详细解析它的组成部分。先看第一段字符,如图 2.22 所示。

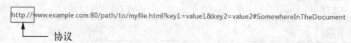

图 2.22　URL——协议

这里的协议是指用户告诉浏览器使用何种协议,大部分网站都是使用 HTTP 或者它的安全版协议(HTTPS)。在用户输入 URL 时,可以省略这一段,浏览器会自动选择启用的协议。除了上述的协议,浏览器还会用到其他的协议。例如,mailto 协议用于打开邮箱客户端,FTP 用于处理文件传输。

接着，来了解一些常见的协议，如表 2.8 所示。

表 2.8　　　　　　　　　　　　　　　　　常用的协议

协议	概述	协议	概述
data	Data urls	SSH	安全 Shell
file	指定主机上的名称	tel	电话
FTP	文件传输协议	URN	统一资源名称
HTTP/HTTPS	超文本传输协议/超文本传输安全协议	view-source	资源的源代码
mailto	电子邮件地址	ws/wss	加密的 WebSocket 连接

通常用户上网都不会去输入协议，只是去输入网站的域名，如"www.baidu.com""www.qq.com"等，这里的域名在 URL 中也被称为主机名，如图 2.23 所示。

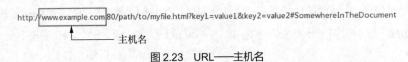

图 2.23　URL——主机名

用户最终访问的是服务器，理论上来说，只要访问服务器的 IP 地址就可以访问到服务器。但实际上网站会有多台服务器，用户使用 IP 地址去访问一个有多台服务器的网站基本上是不可能的。此外，就是网站安全问题，将 IP 地址公布于众也会对网站带来严重的安全隐患。域名将 IP 地址与自身绑定，只要用户使用域名就可以访问到服务器，很好地解决了上述问题。因此，访问域名其实就是访问服务器主机。

URL 中，主机后边的"80"表示端口号。通常端口是指设备与外界通信的接口，如 USB 接口、耳机接口等一些硬件端口。这里的端口是指虚拟端口，例如，80 端口是 HTTP 的默认端口，22 端口是安全外壳（Secure Shell，SSH）协议远程连接的默认端口。在 URL 中也是如此，如图 2.24 所示。

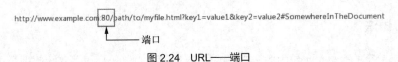

图 2.24　URL——端口

图 2.24 所示的用户使用的是 HTTP，这里的端口号默认为"80"。它是客户端获取资源的必经之路，相当于通往服务器端的"门"。例如，在进入一间屋子之前必须要经过一扇门，当门关闭时谁都进不去，端口就起到这样的作用。不同协议对应着不同端口，常见的端口号如表 2.9 所示。

表 2.9　　　　　　　　　　　　　　　　　常见的端口号

端口号	协议	说明
80	HTTP	超文本传输协议
443	HTTPS	超文本传输安全协议
21	FTP	文件传输协议
23	Telnet	远程登录协议
25	SMTP	简单邮件传输协议
110	POP3	邮局协议版本 3
161	SNMP	简单网络管理协议

通过了协议端口就拥有了获取资源的权限，服务器端会根据请求告诉客户端对应资源的文件路径。客户端根据获取的文件路径去寻找资源，同时这个路径也会显示在 URL 中。客户端访问的资源不同，路径也是不同的。由于安全性问题，URL 中显示的路径其实是虚构的，它不是服务器中的真实路径，而是象征性地显示一个路径，但路径是真实存在的，如图 2.25 所示。

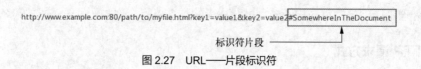

图 2.25　URL——路径

在服务器端查询信息时，服务器端会根据用户提供的信息进行查询，而用户提供的信息将会以键值对的形式显示到 URL 中，用户所提供的信息就叫作用户查询参数。这些参数都是用 "&" 来分隔，服务器端可以根据这些参数在资源返回给客户端之前做一些额外的操作，如图 2.26 所示。

http://www.example.com:80/path/to/myfile.htm ?key1=value1&key2=value2 #SomewhereInTheDocument

用户查询参数

图 2.26　URL——用户查询参数

URL 中，"#" 号之后的内容叫作片段标识符，字面上理解就是某些内容的其中一段。用户在网页中单击某一个标题之后会显示相关内容，其实这也就是网站内容的某一段，也叫作锚点。这个技术在前端 HTML 中也被称作超链接，相当于一个目录。片段标识符不会与请求一起发送到服务器端，如图 2.27 所示。

http://www.example.com:80/path/to/myfile.html?key1=value1&key2=value2#SomewhereInTheDocument

标识符片段

图 2.27　URL——片段标识符

2.3　HTTP 详解

2.3.1　HTTP 系统组成

HTTP 是一种用户服务协议，由一个用户代理向服务器端发送请求。所谓的用户代理通常是指浏览器，它代替用户向服务器端传递信息，与服务器端进行会话。其实客户端与服务器端之间存在着许多代理，它们的存在形式与作用各不相同，如网关、缓存、防火墙等，如图 2.28 所示。

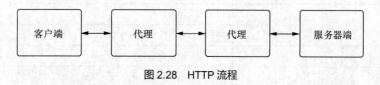

图 2.28　HTTP 流程

要完成一个完整的 HTTP 请求，就要有必要的组件：客户端、代理、服务器端。其中客户端也可以称作 user-agent，是能够为用户发起请求的工具，例如手机、计算机等。浏览器显示一个网页之前，要先发出请求来获取网页文档，再解析文档中的资源信息；接着再次发送请求去获取网页的脚本信息，以及其他的图片或者视频资源，将这些获取到的信息糅合到一起就形成了网页。之后，浏览器会根据脚本来获取更多的资源内容，如网页中的广告弹窗等。严格来讲，网页就是一个超文本文档，网页中会有一些超链接，启动（单击）超链接，用户就会获取一个全新的网页，如图 2.29 所示。

图 2.29　网站中的超链接

用户依靠客户端进行网页导航，浏览器将用户的请求翻译给服务器端，并将从服务器端获取的信息翻译给用户。

在 HTTP 另一端的是 Web 服务器端，由它来提供客户端所请求的资源。它既可能是一个服务器Web 集群，也可能是一种软件。当它收到来自客户端请求的时候，向其他服务器请求相对应的资源，再将资源转发给客户端。总之，能够正确处理来自客户端请求的都可以是 Web 服务器端。

在 HTTP 传输过程中，数据途经了许多设备，或者说有许多设备都转发了这些请求。例如，让多台服务器处理不同请求的负载均衡器、过滤病毒的防火墙等，这些转发了请求的设备都叫作代理。

2.3.2　HTTP 请求方式

当客户端发起 HTTP 请求时，既可能并不是为了从服务器端获取资源，也可能是出于其他原因，如用户要向云端上传资料。因为 HTTP 不仅具有获取资源的请求方式，还有其他的请求方式（请求动作），如 GET、POST、HEAD、DELETE 等。常见的 HTTP 请求方式如表 2.10 所示。

表 2.10　　　　　　　　　　　　　　　常见的 HTTP 请求方式

请求方式	描述
GET	请求指定资源，并返回客户端
POST	请求处理指定资源，并将数据与请求一起发送
HEAD	类似于 GET，用于获取报头
DELETE	请求删除指定页面
PUT	将指定数据取代指定内容
OPTIONS	允许客户端查看服务器性能
TRACE	发送给回显服务器，用于测试或诊断

1.　GET

GET 是 HTTP 中最常用的请求方式之一，它代表获取、取得。客户端向服务器端请求获取指定的资源，服务器端必须找到对应资源并返回给服务器端。当客户端向服务器端"要"资源的时候，请求方式为 GET，如图 2.30 所示。

2. POST

POST 是一种将数据交给服务器端去处理的 HTTP 请求方式。客户端将请求与数据一起发送到服务器端，服务器端将处理结果返回给客户端。当客户端"给"服务器端资源的时候，请求方式为 POST。例如，用户在超市扫码支付时，在手机中输入支付金额，并将确认信息交给服务器端，服务器端将用户的支付金额发送到商家账户，再通过手机告诉用户支付成功，如图 2.31 所示。

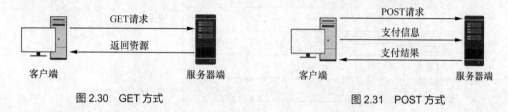

图 2.30　GET 方式　　　　　　　　　　图 2.31　POST 方式

3. DELETE

DELETE 是删除指定内容的请求，也像 POST 一样将请求发送到服务器端，只不过 DELETE 不会发送数据，服务器端处理之后也会将处理结果返回给客户端。

4. PUT

PUT 是以指定数据替换指定内容的请求方式。它也是将请求与要替换的数据一同发送到服务器端，服务器端处理好之后再将处理结果返回给客户端。例如，在社交网站上修改个人资料时，就会用到这个请求方式。

HTTP 请求方式远远不止这些，详见 MDN 网站，这里不赘述。

2.3.3　报文

在客户端与服务器端的请求和响应中，它们传递的信息被称为报文，报文分为请求报文与响应报文两种类型。

1. 请求报文

请求报文是客户端发送给服务器端的报文，它的内容由 4 部分组成，分别是请求行、请求头部、空行、请求数据，如图 2.32 所示。

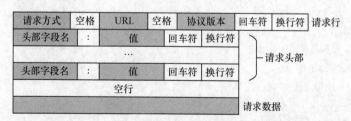

图 2.32　请求报文结构

请求行又分为三部分，分别是请求方式、URL、协议版本。请求方式是客户端需要服务器端做的行为描述，URL 是客户端指定的网址，协议版本是浏览器所支持的 HTTP 版本。请求头部是客户端发送给服务器端的信息，如客户端所支持的语言、字符集、MIME 等。空行表示报文头部到此为止，用来分隔请求头部与请求数据。请求数据是与请求报文一起发送的数据，也属于报文的一部分。请求数据与请求方式有关，如果是不需要请求数据的请求方式，报文中就不包含请求数据，如 GET。

如果是需要发送请求数据的请求方式，报文中就包含请求数据，如 POST。

2. 响应报文

响应报文是在服务器端处理完请求报文之后，返回给客户端的报文，如图 2.33 所示。

图 2.33　响应报文结构

响应报文由三部分组成，分别是状态行、响应头部、响应正文。状态行又分为三部分，分别是协议版本、状态码、状态码描述。响应头部中的内容是响应正文的相关信息，而响应正文就是服务器端返回给客户端的数据。如果是不需要响应正文的请求方式，报文中就不包含响应正文，如 POST；如果是需要发送响应正文的请求方式，报文中就包含响应正文，如 GET。并不是所有的需要响应正文的请求方式都会返回响应正文，当遇到响应错误时，就可能不会返回响应正文。

2.3.4　报头分析

1. Linux 报头

接下来，将在 Linux 操作系统中通过 wget 下载资源，分析报文头部的信息。首先打开终端，远程连接到服务器，下载任意一个资源，此处以 Nginx 源码包为例，具体示例如下：

```
wget -d http://nginx.org/download/nginx-1.16.0.tar.gz
```

这里-d 是调试（Debug）的意思，即显示详细过程。

之后在终端上就能看到 HTTP 请求的全部过程，具体过程如下：

```
---request begin--- #请求开始
GET /download/nginx-1.16.0.tar.gz HTTP/1.1 #请求方式、源码包 URL、HTTP 版本
User-Agent: Wget/1.14 (linux-gnu) #代理程序: wget
Accept: */* #接收类型: 任何类型
Host: nginx.org #目标主机
Connection: Keep-Alive #连接类型: 长连接

---request end--- #请求结束
HTTP request sent, awaiting response... #请求发送中
---response begin--- #响应开始
HTTP/1.1 200 OK #HTTP 版本、状态码、请求结果
Server: nginx/1.15.7 #服务器类型
Date: Mon, 19 Aug 2019 08:41:39 GMT #响应时间
Content-Type: application/octet-stream #接收应用类型: 字节流（软件类）
Content-Length: 1032345 #文档大小
```

```
Last-Modified: Tue, 23 Apr 2019 13:58:55 GMT #资源最后修改时间
Connection: keep-alive #长连接开启
Keep-Alive: timeout=15 #长连接有效期
ETag: "5cbf1a1f-fc099" #标识符
Accept-Ranges: bytes #接收范围：单位是字节

---response end--- #响应结束
200 OK
Registered socket 3 for persistent reuse.
Length: 1032345 (1008K) [application/octet-stream] #长度（八进制）
Saving to: 'nginx-1.16.0.tar.gz' #存储位置
```

下面将对上述参数做详细解释。

- Accept 表示可以接收的文件类型，"*/*"表示可以接收任何格式类型的文件。

- Server 表示服务器的信息，这里提供的信息说明了服务器使用的软件是 Nginx，版本是 1.15.7。

- Date 表示响应的时间，这里提供的是格林尼治时间。

- Content-Type 表示响应的数据类型，这里是 application/octet-stream。

- Content-Length 表示源码包的大小，它的单位是字节（Byte）。

- Last-Modified 表示资源在服务器端最后被修改的时间。

- Connection 表示连接类型。

- Keep-Alive 表示连接有效期。

- ETag 是 HTTP 响应头部中资源的特定版本的标识符，可以让资源缓存到客户端。再次请求资源时，按照这个标识符能够更快地找到资源。当服务器端中资源发生改变时，标识符也会随着改变，客户端将不再从缓存中获取资源，而是向服务器端获取更新后的资源。

- Accept-Ranges 是响应头部中服务器端用来表明是否指定范围请求的信息，范围请求就是先发送一部分资源到客户端，再发送剩下的资源，字段值用于定义范围请求的单位，这里的单位是字节。

2. 浏览器报头

报文在浏览器中通常是有记录的，只不过它是被隐藏起来的，需要找到它才能进行分析。以 IE 浏览器为例，打开任意网页，按"F12"键进入开发者模式，如图 2.34 所示。

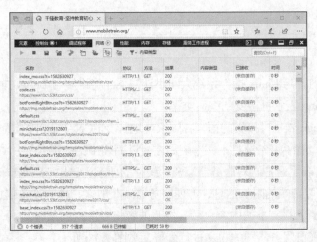

图 2.34 网页中开发者模式

在开发者模式中单击"网络"一栏，会看到有很多文件，这些都是服务器端响应返回给客户端的资源。点开任意一个文件就可以从右侧栏看到关于该文件的报文了，如图 2.35 所示。

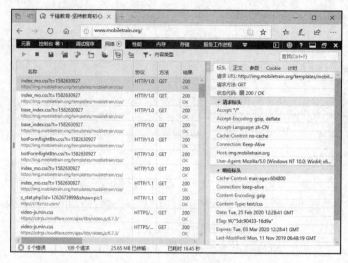

图 2.35　任意文件的报文

首先从报文标头开始分析，这里的标头就是请求行，如图 2.36 所示。

图 2.36　报文标头

标头描述了报文内容，类似于文章梗概，接着就是分析请求标头的内容，如图 2.37 所示。

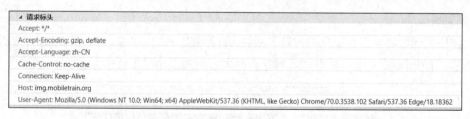

图 2.37　请求标头

浏览器中的报文内容与 Linux 操作系统大同小异，下面将讲解与 Linux 操作系统中不同的部分。

- Accept-Encoding 表示可接受的编码类型。
- Accept-Language 表示可接受的语言与国家或地区。zh-CN 中 zh 代表简体中文，CN 代表中国，表示可接受简体中文。有了这条信息，文本资源才会以简体中文的形式显示到浏览器中。
- Cache-Control 表示客户端对服务器端资源缓存的要求，这里 no-cache 表示不需要进行缓存。
- User-Agent 是客户端的附加信息，方便服务器端获取客户端的设备信息。

当服务器端读取请求报文中的内容之后，按照内容将资源返回给客户端，并给客户端也写了一份报文，下面将针对来自服务器端的报文进行分析，如图 2.38 所示。

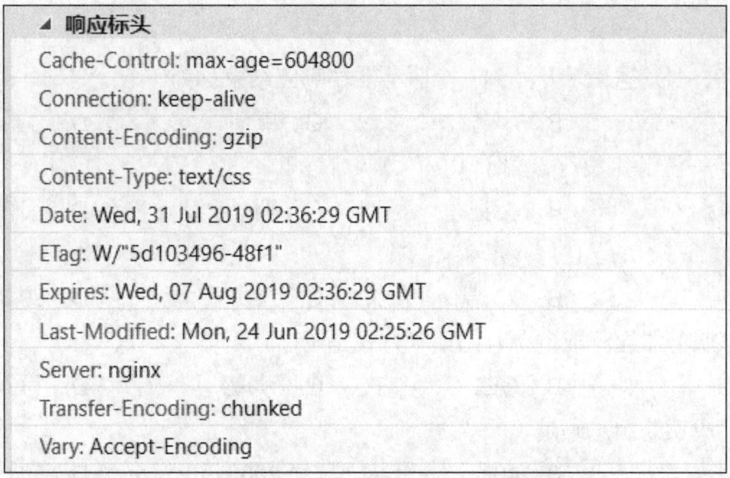

```
▲ 响应标头
Cache-Control: max-age=604800
Connection: keep-alive
Content-Encoding: gzip
Content-Type: text/css
Date: Wed, 31 Jul 2019 02:36:29 GMT
ETag: W/"5d103496-48f1"
Expires: Wed, 07 Aug 2019 02:36:29 GMT
Last-Modified: Mon, 24 Jun 2019 02:25:26 GMT
Server: nginx
Transfer-Encoding: chunked
Vary: Accept-Encoding
```

图 2.38　响应标头

来自服务器端的响应报文也叫作响应标头，它的内容相较于请求标头更加丰富。

• Cache-Control 这一行内容明显与请求标头不同，之前客户端并没有对资源缓存进行要求，于是这里就将缓存时间设为服务器端默认的时间——604800 秒。

• Content-Encoding 表示资源内容的编码格式信息。

• Content-Type 说明了资源内容的类型是文本与层叠样式表，text 指文本，css 指层叠样式表——HTML 语言的一个应用。

• Expires 表示资源过期时间。由于 Cache-Control 已经设置了时间，所以这条信息将被忽略。

• Transfer-Encoding 表示传输方式，chunked 表示分段传输。

• Vary 标头中的信息用于防止错误的缓存，Accept-Encoding 表示缓存"压缩与非压缩"两种版本的资源，也表示接受编码格式。

2.4　本章小结

本章详细讲解了 OSI 模型、TCP、HTTP、URI 的语法以及报文的具体信息。通过本章的学习，读者应能够熟悉 HTTP 的工作原理和头部信息，熟悉 URL 的语法。HTTP 是 Web 服务使用最多的协议之一，掌握它之后可以更好地从原理上学习 Nginx 的 Web 服务。

2.5　习题

1. 填空题

（1）HTTP 是基于 TCP 之上的_____连接。

（2）客户端从服务器端获取到的数据叫作_____。

（3）统一资源标识符又叫作_____。

（4）URI 包括_____和_____。

（5）请求与回应传递的信息叫作_____。

2. 选择题

（1）从一个客户端发送请求开始到一个服务器端响应结束称为（　　　）。

    A. 事件　　　　　　　B. 事务　　　　　　　C. 事情　　　　　　　D. 工作

（2）URL 即统一资源定位符，用于（　　　）。

    A. 定位　　　　　　　B. 标记　　　　　　　C. 翻译　　　　　　　D. 编辑

（3）HTTP 的默认端口是（　　　）。

    A. 443 端口　　　　　B. 22 端口　　　　　　C. 21 端口　　　　　　D. 80 端口

（4）客户端从服务器端获取资源时的请求方式是（　　　）。

    A. POST　　　　　　　B. GET　　　　　　　C. 读取　　　　　　　D. 写入

（5）下列表示成功的状态码是（　　　）。

    A. 404　　　　　　　B. 403　　　　　　　C. 200　　　　　　　D. 504

3. 简述题

（1）简述 TCP 三次握手与四次挥手的区别。

（2）简述 HTTP 的工作流程。

4. 操作题

查看 Linux 操作系统中的 HTTP 报文，并理解其内容。

第 3 章　Nginx 基础配置

本章学习目标

- 了解 Nginx 配置文件
- 熟悉 Nginx 编译参数
- 掌握 Nginx 基本配置

Nginx 基础
配置

在使用 Nginx 前，要先了解它的配置文件与模块，因为它的功能都是通过配置与模块来实现的。Nginx 十分依赖模块，了解了模块，基本上就可以掌握 Nginx 的使用，本章将对 Nginx 基础配置相关内容进行详细讲解。

3.1　配置文件

3.1.1　关键配置文件

配置文件是应用软件的基础，尤其在业务运行的过程中，配置文件不可随意更改。由于 Nginx 的配置文件比较复杂，所以这里的关键配置文件指的是运维工程师经常用到的配置文件。

首先，使用 YUM 仓库安装好 Nginx，再查看它的配置文件。由于源码安装的 Nginx 需要手动配置模块，过程较为烦琐，而 YUM 是自动配置模块，所以这里先使用 YUM 安装好 Nginx。示例代码如下：

```
[root@nginx ~]# rpm -ql nginx
```

此处-ql 的意思是查询并列出。这条命令执行之后将会出现许多配置文件目录，示例代码如下：

```
/etc/logrotate.d/nginx #日志轮转文件
/etc/nginx/nginx.conf #主配置文件
/etc/nginx/conf.d #子配置文件夹
/etc/nginx/conf.d/default.conf #默认网站配置文件
/etc/nginx/mime.types #文件关联程序：网站文件类型和相关处理程序
/etc/nginx/modules #模块文件夹
/usr/lib/systemd/system/nginx.service #服务脚本
/usr/sbin/nginx #主程序
/usr/share/doc/nginx-1.16.1 #文档
/usr/share/doc/nginx-1.16.1/COPYRIGHT
```

```
/usr/share/man/man8/nginx.8.gz #man 手册
/usr/share/nginx
/usr/share/nginx/html
/usr/share/nginx/html/50x.html
/usr/share/nginx/html/index.html #默认页面文件
/var/cache/nginx #缓存文件
/var/log/nginx #日志文件夹
```

1. 日志轮转文件

日志轮转的配置都在/etc/logrotate.d/nginx 里。日志文件每天都在不断的生成，如果不进行定时处理，将会对服务器造成压力。日志轮转是日志文件的一种处理方式，保留固定周期的日志文件，当新一天的日志文件生成后，最早一天的文件将会被删除，并且这个行为是定时的。

2. 主配置文件

主配置文件中，记录着 Nginx 的主要信息，包括 HTTP 信息、事件信息等，通常扩展名为".conf"的都是配置文件，而文件名与主程序名一样的配置文件就是主配置文件。

3. 子配置文件夹

子配置文件夹中包括默认网站配置文件，还有后续增加的配置文件，通常扩展名为".d"的目录为子配置文件夹。

4. 默认网站配置文件

/etc/nginx/conf.d/default.conf 是最基础的子配置文件，是 Nginx 访问页面的配置文件。

5. 文件关联程序

文件关联程序记录着各种文件类型所对应的程序，也就是什么类型的文件由什么程序来打开。先观察文件关联程序，示例代码如下：

```
[root@nginx ~]# cat /etc/nginx/mime.types
```

显示如下：

```
types {
    text/html                             html htm shtml;
    text/css                              css;
    text/xml                              xml;
    image/gif                             gif;
    image/jpeg                            jpeg jpg;
    application/javascript                js;
    application/atom+xml                  atom;
    application/rss+xml                   rss;

    text/mathml                           mml;
    text/plain                            txt;
    text/vnd.sun.j2me.app-descriptor      jad;
    text/vnd.wap.wml                      wml;
    text/x-component                      htc;

    image/png                             png;
    image/svg+xml                         svg svgz;
    image/tiff                            tif tiff;
    image/vnd.wap.wbmp                    wbmp;
```

```
image/webp                                          webp;
image/x-icon                                        ico;
image/x-jng                                         jng;
image/x-ms-bmp                                      bmp;

font/woff                                           woff;
font/woff2                                          woff2;

application/java-archive                            jar war ear;
application/json                                    json;
application/mac-binhex40                            hqx;
application/msword                                  doc;
application/pdf                                     pdf;
application/postscript                              ps eps ai;
application/rtf                                     rtf;
application/vnd.apple.mpegurl                       m3u8;
application/vnd.google-earth.kml+xml                kml;
application/vnd.google-earth.kmz                    kmz;
application/vnd.ms-excel                            xls;
application/vnd.ms-fontobject                       eot;
application/vnd.ms-powerpoint                       ppt;
application/vnd.oasis.opendocument.graphics         odg;
application/vnd.oasis.opendocument.presentation     odp;
application/vnd.oasis.opendocument.spreadsheet      ods;
application/vnd.oasis.opendocument.text             odt;
```

这些只是其中的一部分，但不难看出这些都是相互对应的文件格式与类型。

例如，磁带必须放在收音机里才能播放文件，而无法放在数字光碟播放机里。文件关联程序的任务就是帮助用户找到打开文件的每个程序，并将它们关联起来。就像接收到一个压缩包，而用户的计算机上恰恰没有解压缩软件，于是用户去下载解压缩软件。在解压缩软件安装完成之后，之前压缩包的图标就变得和解压缩软件一样了，因为软件程序与文件自动进行了关联。

6. 模块文件夹

模块文件夹用来放置 Nginx 模块，由于这些模块的种类繁多，所以系统为它们创建了一个专门的文件夹。

7. 服务脚本

服务脚本可以简化工程师对 Nginx 的操作，例如，YUM 安装的 Nginx 不需要绝对路径就可以执行启动、关闭、重启，这都是服务脚本的功劳。源码安装的 Nginx 也可以通过添加服务脚本来简化操作。接下来，观察服务脚本文件，示例代码如下：

```
[root@nginx ~]# cat /usr/lib/systemd/system/nginx.service
```

显示如下：

```
[Unit]
Description=nginx - high performance web server #说明
Documentation=http://nginx.org/en/docs/ #文档来源
After=network-online.target remote-fs.target nss-lookup.target
Wants=network-online.target

[Service]
Type=forking #类型
```

```
PIDFile=/var/run/nginx.pid
ExecStart=/usr/sbin/nginx -c /etc/nginx/nginx.conf #执行启动
ExecReload=/bin/kill -s HUP $MAINPID #执行重启
ExecStop=/bin/kill -s TERM $MAINPID #执行停止

[Install]
WantedBy=multi-user.target #在什么环境下启动
```

该文件主要分为三个部分，这里主要观察服务部分。前两行是类型与 pid，后面是对命令的简化。当工程师输入命令时，实际上系统还是按照绝对路径执行的。

8. 主程序

Nginx 的主程序都写在了/usr/sbin/nginx，不可随意更改。

9. 文档

Nginx 文档都会在/usr/share/doc/nginx-1.16.1/中出现。其中，/usr/share/doc/nginx-1.16.1/COPYRIGHT 是 Nginx 开发者的声明文档。

10. man 手册

man 手册是指软件的说明书，在使用之前都会先查看 man 手册，示例代码如下：

```
[root@nginx ~]# man nginx
```

显示如下：

```
NGINX(8)                 BSD System Manager's Manual                 NGINX(8)

NAME
     nginx — HTTP and reverse proxy server, mail proxy server

SYNOPSIS
     nginx [-?hqTtVv] [-c file] [-g directives] [-p prefix]
           [-s signal]

DESCRIPTION
     nginx (pronounced "engine x") is an HTTP and reverse proxy
     server, as well as a mail proxy server.  It is known for its
     high performance, stability, rich feature set, simple configura-
     tion, and low resource consumption.

     The options are as follows:

     -?, -h          Print help.

     -c file         Use an alternative configuration file.

     -g directives   Set global configuration directives.  See
                     EXAMPLES for details.

     -p prefix       Set the prefix path.  The default value is
                     /etc/nginx.

     -q              Suppress non-error messages during configuration
                     testing.
```

```
        -s signal     Send a signal to the master process.  The argu-
                      ment signal can be one of: stop, quit, reopen,
                      reload.  The following table shows the corre-
                      sponding system signals:

                      stop     SIGTERM
                      quit     SIGQUIT
                      reopen   SIGUSR1
                      reload   SIGHUP

        -t            Do not run, just test the configuration file.
                      nginx checks the configuration file syntax and
                      then tries to open files referenced in the con-
                      figuration file.

        -T            Same as -t, but additionally dump configuration
                      files to standard output.

        -V            Print the nginx version, compiler version, and
                      configure script parameters.

        -v            Print the nginx version.

SIGNALS
    The master process of nginx can handle the following signals:

    SIGINT, SIGTERM  Shut down quickly.
    SIGHUP           Reload configuration, start the new worker
                     process with a new configuration, and grace-
                     fully shut down old worker processes.
    SIGQUIT          Shut down gracefully.
    SIGUSR1          Reopen log files.
    SIGUSR2          Upgrade the nginx executable on the fly.
    SIGWINCH         Shut down worker processes gracefully.

    While there is no need to explicitly control worker processes
    normally, they support some signals too:

    SIGTERM          Shut down quickly.
    SIGQUIT          Shut down gracefully.
    SIGUSR1          Reopen log files.

DEBUGGING LOG
    To enable a debugging log, reconfigure nginx to build with
    debugging:

        ./configure --with-debug ...

    and then set the debug level of the error_log:

        error_log /path/to/log debug;

    It is also possible to enable the debugging for a particular IP
    address:
```

```
        events {
                debug_connection 127.0.0.1;
        }

ENVIRONMENT
    The NGINX environment variable is used internally by nginx and
    should not be set directly by the user.

FILES
/var/run/nginx.pid
            Contains the process ID of nginx.  The contents of this
            file are not sensitive, so it can be world-readable.

    /etc/nginx/nginx.conf
            The main configuration file.

    /var/log/nginx/error.log
            Error log file.

EXIT STATUS
    Exit status is 0 on success, or 1 if the command fails.

EXAMPLES
    Test configuration file ~/mynginx.conf with global directives
    for PID and quantity of worker processes:

        nginx -t -c ~/mynginx.conf \
                -g "pid /var/run/mynginx.pid; worker_processes 2;"

SEE ALSO
    Documentation at http://nginx.org/en/docs/.

    For questions and technical support, please refer to
    http://nginx.org/en/support.html.

HISTORY
    Development of nginx started in 2002, with the first public
    release on October 4, 2004.

AUTHORS
    Igor Sysoev <igor@sysoev.ru>.

    This manual page was originally written by Sergey A. Osokin
    <osa@FreeBSD.org.ru> as a result of compiling many nginx docu-
    ments from all over the world.

BSD                         June 16, 2015                         BSD
```

这些内容全部都是开发者提前写好的文档，供工程师们在使用软件时查阅，通常 Nginx man 手册的内容都保存在/usr/share/man/man8/nginx.8.gz 中。

11. 默认页面文件

默认页面文件在/usr/share/nginx/html 中，这里通常默认有两个文件；/usr/share/nginx/html/index.html 是默认主页的文件，也就是默认主页中的内容；/usr/share/nginx/html/50x.html 是默认错误

页面文件，当访问发生错误时，浏览器将会显示这个文件的内容。值得注意的是，这里的页面文件都是由 HTML5 编写的，示例代码如下：

```
[root@nginx ~]# cat /usr/share/nginx/html/index.html
<!DOCTYPE html>
<html>
<head> #头部
<title>Welcome to nginx!</title> #标题
<style>
    body { #内容
        width: 35em; #字号
        margin: 0 auto;
        font-family: Tahoma, Verdana, Arial, sans-serif; #字体
    }
</style>
</head>
<body>
<h1>Welcome to nginx!</h1>
<p>If you see this page, the nginx web server is successfully installed and
working. Further configuration is required.</p>

<p>For online documentation and support please refer to
<a href="http://nginx.org/">nginx.org</a>.<br/>
Commercial support is available at
<a href="http://nginx.com/">nginx.com</a>.</p>
<p><em>Thank you for using nginx.</em></p>
</body>
</html>
```

12. 缓存文件

缓存文件用于存放缓存。使用 ls 命令查看缓存文件，示例代码如下：

```
[root@nginx ~]# ls /var/cache/nginx/
```

执行之后显示如下：

```
[root@nginx ~]# client_temp  fastcgi_temp  proxy_temp  scgi_temp  uwsgi_temp
```

可以发现这里所有的文件扩展名都是 "_temp"，这个扩展名表示该文件为临时文件。

13. 日志文件夹

日志文件夹中存放着各种类型的日志。它在服务器中记录操作的文件，包括工程师对服务器做过的操作、每天服务器的访问量等。

3.1.2　其他配置文件

其他配置文件对运维工程师来说很少会接触到，在这里简单了解一下这些文件，示例代码如下：

```
/etc/nginx/fastcgi_params #动态网站模块文件
/etc/nginx/scgi_params
/etc/nginx/uwsgi_params
/etc/nginx/koi-utf #字符集，文件编码
/etc/nginx/win-utf
```

```
/etc/nginx/koi-win
/usr/lib/systemd/system/nginx-debug.service #调试程序启动脚本
/etc/sysconfig/nginx #系统守护进程配置
/etc/sysconfig/nginx-debug #管理器配置
/usr/lib64/nginx #模块目录
/usr/lib64/nginx/modules
/usr/sbin/nginx-debug #调试程序
```

1. 动态网站模块文件

Nginx 只可以处理简单的请求，如查看图片、文件等，而无法从服务器调用数据。当需要调用数据时，Nginx 就会交给中间件（如 Java、PHP 等）去处理，动态网站模块文件成为 Nginx 与中间件对接的接口，如图 3.1 所示。

图 3.1 Nginx 处理动态请求

/etc/nginx/fastcgi_params、/etc/nginx/scgi_params、/etc/nginx/uwsgi_params 分别对接不同的程序语言。

2. 字符集

字符集就像词典一样，用来翻译各类语言。例如，在图书馆有不同语言的词典，英汉词典、朗氏德汉双解大词典、日汉大词典等，不同种类的词典用来翻译同种类的语言，如图 3.2 所示。

图 3.2 各类词典

而字符集也用来翻译语言，只不过它是用来翻译高级编程语言的，例如，Java、PHP、Python 等。/usr/lib/systemd/system/nginx-debug.service、/etc/sysconfig/nginx、/etc/sysconfig/nginx-debug 都属于系统守护进程和管理器的相关配置，/usr/lib64/nginx 是 Nginx 的模块目录，/usr/sbin/nginx-debug 是 Nginx 调试程序，用来调试终端命令。

3.2 编译参数

3.2.1 基础参数

在安装 Nginx 时，编译过程中所添加的参数就是编译参数，Nginx 编译参数在日后应用中起着关键性作用，一个参数对应着一个功能。简单来说，编译参数就是安装选项，在安装其他软件时也会有安装选项，如图 3.3 所示。

图 3.3　TIM 安装选项

图 3.3 中，TIM 的安装界面里需要用户选择的项目就是安装选项。

接下来，将对 Nginx 编译参数进行讲解。首先，使用命令查看 Nginx 所有参数，示例代码如下：

```
[root@nginx ~]# nginx -V
```

注意这里的-V 的参数是大写，用来查看 Nginx 所有编译参数。

执行命令之后，所有编译参数都会显示出来，除了编译参数还有 Nginx 的各类信息，示例代码如下：

```
nginx version: nginx/1.16.1 #版本信息
built by gcc 4.8.5 20150623 (Red Hat 4.8.5-36) (GCC)  #编译信息
built with OpenSSL 1.0.2k-fips  26 Jan 2017 #加、解密信息
TLS SNI support enabled  #协议信息
```

上述代码都是与编译参数无关的信息，从下面开始分析，示例代码如下：

```
configure arguments: #配置参数：
--prefix=/etc/nginx  #安装路径
--sbin-path=/usr/sbin/nginx  #程序文件
--modules-path=/usr/lib64/nginx/modules  #模块路径
--conf-path=/etc/nginx/nginx.conf  #主配置文件
--error-log-path=/var/log/nginx/error.log  #错误日志
--http-log-path=/var/log/nginx/access.log  #访问日志
--pid-path=/var/run/nginx.pid  #程序 ID
--lock-path=/var/run/nginx.lock  #锁路径，防止 Nginx 反复重启
--http-client-body-temp-path=/var/cache/nginx/client_temp #网站客户端临时缓存
--http-proxy-temp-path=/var/cache/nginx/proxy_temp  #代理缓存
--http-fastcgi-temp-path=/var/cache/nginx/fastcgi_temp  #PHP 缓存
--http-uwsgi-temp-path=/var/cache/nginx/uwsgi_temp  #Python 缓存
```

```
--http-scgi-temp-path=/var/cache/nginx/scgi_temp
--user=nginx   #用户
--group=nginx   #属组
```

1. 错误日志

错误日志（error-log-path）是记录客户端访问出错的日志文件，通常与访问日志存储在同一文件夹下。观察文件内容，示例代码如下：

```
[root@nginx ~]# cat /var/log/nginx/error.log
2019/08/27 19:31:48 [error] 83425#83425: *1 open() "/usr/share/nginx/html/favico
n.ico" failed (2: No such file or directory), client: 192.168.52.1, server: loca
lhost, request: "GET /favicon.ico HTTP/1.1", host: "192.168.52.138", referrer: "
http://192.168.52.138/"
```

这是一条日志，只是因为太长而折行了。按照汉语语法，日志文件从后往前读会更顺口一些。这条日志的大意是，在 2019 年 8 月 27 日 19 时 31 分 48 秒，有一条来自网页 http://192.168.52.138/ 的请求，客户端是 192.168.52.1，服务器端是 localhost，请求内容是用 HTTP/1.1 从主机 192.168.52.138 获取 favicon.ico 文件，结果打开/usr/share/nginx/html/favicon.ico 文件失败，原因是没有这个文件。

2. 程序 ID

程序 ID（pid-path），也叫 pid，用来标记程序的序号，表明程序的身份，有了这个序号就可以防止同一个程序再次启动。先查看/var/run/nginx.pid 文件，示例代码如下：

```
[root@nginx ~]# cat /var/run/nginx.pid
```

执行之后会看到一个数字，这个数字就是 pid，如图 3.4 所示。

```
[root@localhost ~]# cat /var/run/nginx.pid
43448
```

图 3.4　Nginx pid

除此之外，还有一种查看 pid 的方式，示例代码如下：

```
[root@nginx ~]# ps aux | grep nginx
```

ps 是 Linux 操作系统中查看进程的命令，ps aux 表示显示所有进程与状态。"|" 管道符是为了分割命令，下一条命令将对上一条命令的结果继续执行操作。grep 表示过滤，grep nginx 表示过滤与 nginx 有关的进程。显示结果如图 3.5 所示。

```
[root@localhost ~]# ps aux | grep nginx
root      43448  0.0  0.0  46340    976 ?
nginx     43449  0.0  0.1  46748   1940 ?
root      84682  0.0  0.0 112708    976 pts/0
```

图 3.5　显示结果

图 3.5 中出现了三个进程，第二列的数字就是 pid，pid 与/var/run/nginx.pid 中一样的进程就是主进程，其他都是子进程。

3. 网站客户端临时缓存

用户在一段时间内访问过的资源都会被暂时存放到网站客户端临时缓存文件（http-client-body-temp-path）中，当用户再次访问时，方便调取。http-proxy-temp-path 是 Nginx 作为代理服务器时的缓存。http-fastcgi-temp-path、http-uwsgi-temp-path 以及 http-scgi-temp-path 都是网站中间件缓存。

3.2.2　模块参数

模块参数对应 Nginx 的每个模块，每个模块都有着不同的功能，下面是 Nginx 的模块编译参数。

```
--with-compat   #动态兼容模块
--with-file-aio  #aio 模块，异步、非阻塞
--with-threads   #多线程模块
--with-http_addition_module  #追加模块
--with-http_auth_request_module  #认证模块
--with-http_dav_module  #上传下载模块
--with-http_flv_module   #视频支持模块
--with-http_gunzip_module  #解压缩模块
--with-http_gzip_static_module  #压缩模块
--with-http_mp4_module   #多媒体模块
--with-http_random_index_module  #Nginx 显示随机主页模块，微更新
--with-http_realip_module  #获取真实 IP 模块
--with-http_secure_link_module  #安全下载模块
--with-http_slice_module  #分片缓存模块
--with-http_ssl_module  #安全模块
--with-http_stub_status_module  #访问状态模块
--with-http_sub_module  #网页替换模块，替换网站响应内容
--with-http_v2_module  #HTTP/2.0 模块
--with-mail  #邮箱模块
--with-mail_ssl_module
--with-stream  #数据流模块
--with-stream_realip_module
--with-stream_ssl_module
--with-stream_ssl_preread_module
```

1．动态兼容模块

动态兼容模块（compat）用于处理动态的请求。由于 Nginx 本身只能处理静态请求，当需要处理动态请求时，Nginx 就启动这个模块，再由模块去联系中间件处理动态请求。

2．aio 模块

aio（file-aio）模块就是 I/O 多路复用模块，用于加速系统处理，它使等待响应的线程先处理后面的请求，达到异步、非阻塞的效果。

3．多线程模块

多线程模块（threads）支持 Nginx 开启多个线程，但软件最终还是基于硬件。通常线程上限对应 CPU 核数，一个线程可以处理上万个请求。

4．追加模块

追加模块（addition_module）可以在网页中追加内容。这个追加可以在服务器端响应之前，也可以在响应之后。

5. 认证模块

认证模块（auth_request_module）用于认证用户信息。例如，用户登录某网站时，输入账号、密码之后需要经过认证模块的验证，确认过用户身份，才能够成功登录。

当 Nginx 服务器端处理请求时，会在内部生成一个子请求，这个子请求是属于 Nginx 服务器端内部的，与客户端没有关系。由子请求先访问用户请求的文件夹，访问结果并不会直接发给客户端，而是 Nginx 根据子请求的访问结果去判断是否接收客户端的访问，如图 3.6 所示。例如，游客给酒店前台打电话订房的时候，前台工作人员不会直接告诉游客可以订房，而是先去查询是否有空房间，再根据查询的结果来给游客答复。

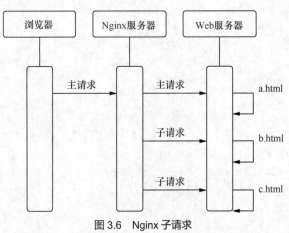

图 3.6　Nginx 子请求

6. 上传下载模块

上传下载模块（dav_module）可供用户在网站中上传或下载资源。

7. 视频支持模块

视频支持模块（flv_module）用于支持视频资源的播放。

8. 解压与压缩模块

解压缩模块（gunzip_module）与压缩模块（gzip_static_module）用于解压缩和压缩文件。

9. 多媒体模块

多媒体模块（mp4_module）用于支持多媒体文件在网站中的正常运行。

10. 随机主页模块

当用户登录网站时，随机主页模块（random_index_module）将网页文件夹中的网页文件随机打开一个呈现给用户。这里不包括隐藏文件也就是 "." 开头的文件，在 Linux 操作系统中 ls 命令并不能查看到隐藏文件，而需要加一个-a 的参数来查看全部文件，示例代码如下：

```
[root@nginx ~]# ls -a
```

显示如下：

```
.        .font-unix   ks-script-b5Rdkl   .X11-unix   yum.log
..       .ICE-unix    .Test-unix         .XIM-unix
```

11. 获取真实 IP 模块

当 Nginx 做反向代理时，Web 服务器只能获取反向代理的 IP 地址，而无法获取到客户端的真实

IP 地址，这不利于网站访问的分析，此时就要通过获取真实 IP 模块（realip_module）来得到用户的真实 IP 地址。

如果不用这个模块，Nginx 从请求头部中获取用户 IP 地址时，默认反向代理的 IP 地址是可靠的 IP 地址，访问日志中记录的都将是反向代理的 IP 地址访问了网站，其实 Nginx 只是获取了反向代理的 IP 地址，而漏掉了用户的真实 IP 地址。获取真实 IP 模块开启之后，就会告诉 Nginx 哪个是反向代理的 IP 地址，当 Nginx 获取 IP 地址找到反向代理的 IP 地址时，就会自动忽略，接着去找用户真实的 IP 地址，如图 3.7 所示。

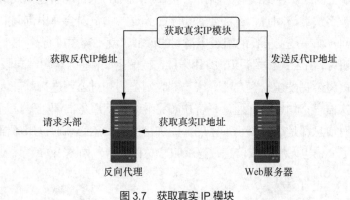

图 3.7　获取真实 IP 模块

12. 安全下载模块

在 Nginx 下载资源之前，它的安全下载模块（secure_link_module）会对资源链接进行检查，检查链接是否安全，是否过期。

当用户在浏览器单击下载按钮时，其实就是给服务器端发送了一个下载请求。服务器端收到下载请求之后，生成一个下载链接并发送给客户端。客户端收到下载链接之后，再向服务器端发送这个链接。服务器端收到来自客户端的下载链接后，开始与之前生成的链接进行对比，通过对比结果来回复客户端，如图 3.8 所示。

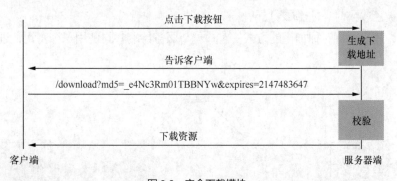

图 3.8　安全下载模块

如果链接准确无误，服务器端就调用资源供客户端下载。如果链接有误，可能是被中间人修改了，也可能是来自不可靠的客户端，服务器端将拒绝客户端请求。

13. 分片缓存模块

当 Nginx 需要缓存较大的文件而难以处理时，就通过分片缓存模块（slice_module）将需要缓存的文件拆分成多个部分，再进行缓存。

14. 安全模块

安全模块（ssl_module）是维护 Nginx 信息安全的模块，通过加密、解密（ssl）的手段对 HTTPS 进行支持。

SSL（Secure Sockets Layer）协议，即安全套接层协议，它与传输层安全协议（Transport Layer Security，TLS），都是为用户提供可靠网络通信的安全协议。

首先，服务器端会向组织申请或自己制作一个 SSL 证书，来证明自己网站的安全性。如果是自己制作的证书，当被客户端访问时，就需要客户端的验证，浏览器会弹出询问的对话框，用户验证通过才可以继续访问。如果是受信任的组织申请到的证书，就不需要进行验证。而这个 SSL 证书的本质其实是一对密钥对，由公钥和私钥组成，用来加密或解密文件。当客户端向服务器端发送 HTTPS 请求时，服务器端就将公钥发送给客户端，客户端收到公钥并对公钥进行验证。如果验证不通过，浏览器将会提示警告信息；如果验证通过，客户端将继续访问服务器端。验证通过之后，客户端给服务器端发送的所有信息都是经过公钥加密的，而加密过的信息必须通过服务器端私钥解密才能读取，就算有人获取了公钥也无法读取信息，这就叫非对称加密，如图 3.9 所示。

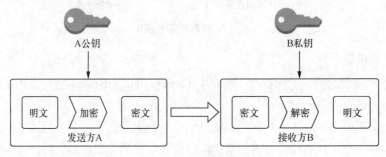

图 3.9　非对称加密

例如，甲给乙寄包裹，甲会把包裹放进一个箱子里，并给箱子上锁。但甲只有锁，钥匙在乙身上，只有箱子被乙收到时，才会被打开。

除此之外，还有一种对称加密的方式。客户端与服务器端共同使用一个密钥，进行加密或解密，如图 3.10 所示。

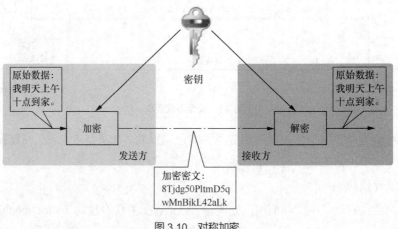

图 3.10　对称加密

例如，两个人将信件放到一个箱子里进行通信，双方都有箱子的钥匙。这种方式有一个缺点，当一方的钥匙被第三方获取时，信息就会泄露。

15.　访问状态模块

访问状态模块（stub_status_module）为用户的访问情况做一个统计，如活跃的链接数、已接受的客户端链接数、已处理的链接总数等。

16.　网页替换模块

当网页内容需要进行修改时，可以通过网页替换模块（sub_module）进行修改，就像 Word 里的替换工具一样，将旧内容替换为新内容，如图 3.11 所示。

图 3.11　Word 替换工具

17.　HTTP/2.0 模块

HTTP/2.0 模块（v2_module）是 HTTP 的 2.0 版本，通常使用的是 1.1 版本，所以该模块默认是未启用的。

18.　邮箱模块

通过开启邮箱模块（mail），Nginx 服务器就可以成为一台邮箱服务器。再开启邮箱加解密模块就可以让 Nginx 邮箱进行信息加解密，保证信息的安全性。

19.　数据流模块

数据流模块（stream）是 Nginx 1.9.0 新增的模块，包括其他数据流的一系列模块（stream_realip_module、stream_ssl_module、stream_ssl_preread_module 等）。数据流模块可以实现 4 层协议的流量转发、反向代理、负载均衡等。

3.3　配置文件详解

3.3.1　主配置文件

众所周知，主配置文件在应用中起着至关重要的作用。接下来，将对 Nginx 的主配置文件进行详解。

首先在服务器上打开/etc/nginx/nginx.conf 文件，示例代码如下：

```
[root@nginx ~]# vim /etc/nginx/nginx.conf
```

这里的内容有三十几行。如果使用的是较旧的版本，内容会更多，原因是旧版将主配置文件与默认配置文件写在了一起。为了避免混淆，建议使用新版本。

通常人们会将主配置文件分为三个模块：核心模块（CoreModule）、事件驱动模块（EventsModule）、HTTP 内核模块（HttpCoreModule）。接下来，观察核心模块，示例代码如下：

```
user   nginx; #运行 Nginx 的用户
worker_processes  1; #启动的进程数
error_log  /var/log/nginx/error.log warn; #错误日志存放位置的通知
pid         /var/run/nginx.pid; #pid 存放位置
```

这些配置都可以进行合理修改。当修改启动的进程数时，需要考虑到 CPU 的配置，建议一颗 CUP 对应一个进程数。

查看 Nginx 进程，示例代码如下：

```
[root@nginx ~]# ps aux | grep nginx
root      13968  0.0  0.1  46340  1140 ?         Ss   19:51    0:00 nginx: master
process /usr/sbin/nginx -c /etc/nginx/nginx.conf
nginx     13969  0.0  0.2  46748  2176 ?         S    19:51    0:00 nginx: worker
process
```

这里第一条是 root 启用的主进程，第二条才是 Nginx 的工作进程，worker 表示这是一条工作进程。核心模块下面就是事件驱动模块，示例代码如下：

```
events { #事件
    worker_connections  1024; #每个进程允许的最大连接数
}
```

在 events 下面其实还有一行，表示 Nginx 的工作模式，只不过它被默认为 epoll 模式，也可以加上这行，示例代码如下：

```
use epoll; #事件驱动模型
```

这里的配置是最大并发量，也可以进行修改，建议最多修改为 10 000，因为 Nginx 可以支持万级并发。

事件驱动模块不仅仅有这些内容，还可以有其他的配置，示例代码如下：

```
events {
accept_mutex on; #防止浪费进程资源
multi_accept off; #一个进程连接能否有多个网络连接
client_header_buffer_size 4k; #请求头部大小
open_file_cache max=2000 inactive=60s; #最大缓存数和最长缓存时长
open_file_cache_valid 60s; #检查缓存时间
open_file_cache_min_uses 1 #缓存最少使用次数
}
```

1. accept_mutex

当有请求进入服务器端时，accept_mutex 会防止所有休眠中的进程被唤醒，但最终这个请求只能被一个进程处理，反而降低了服务器性能，所以 accept_mutex 默认为开启。

2. multi_accept

通过 multi_accept 设置一个进程是否可以同时接收多个网络连接，通常默认为关闭。

3. client_header_buffer_size

client_header_buffer_size 用来设置服务器端要求的请求头部大小，这里要求不超过 4KB，但通常都不会超过 1KB。

4. open_file_cache

open_file_cache 是关于缓存的配置，其中 max 表示最大缓存数，inactive 表示多长时间内资源没有被调用将被删除。valid 表示多长时间检查一次缓存，查看资源是否被调用，如果没有被调用，到了 inactive 的时间资源就会被删除。min_uses 是限制 inactive 时间内资源最少被调用的次数，如果次数没有达到，资源同样会被删除。

接着观察 HTTP 内核模块，示例代码如下：

```
http {
    include /etc/nginx/mime.types; #包含文件关联程序
    default_type  application/octet-stream; #默认处理信息方式，字节流
    log_format  main  '$remote_addr - $remote_user [$time_local] "$request" '
                      '$status $body_bytes_sent "$http_referer" '
                      '"$http_user_agent" "$http_x_forwarded_for"'; #日志格式
    access_log  /var/log/nginx/access.log  main; #成功访问日志
    sendfile on; #优化参数，高效传输文件模式
    #tcp_nopush on; #优化参数，避免网络阻塞
    keepalive_timeout 65; #优化参数，长连接
    #gzip on; #解压参数
    include /etc/nginx/conf.d/*.conf; #包含子配置的文件夹
}
```

5. include

include 表示包含的意思，后面是一个文件路径，代表在这里包含了这个文件的内容。相当于这个文件的所有内容都写在这里，系统读完这一行不会接着读下一行，而是去读这个文件的内容，再回来读下一行。

6. default_type

default_type 表示默认的处理信息方式，通常默认方式是字节流。

7. log_format

log_format 是日志格式，也就是 Nginx 写日志的格式，也可以进行合理修改。

8. access_log

access_log 是指成功访问的日志，后面是存放它的路径。

3.3.2　默认配置文件

默认配置文件中的内容包括网页内容的路径、错误页面路径、代理设置等，没有这个文件，网页将不会显示出来。

在终端上观察 Nginx 的默认虚拟主机配置文件。首先进入文件，示例代码如下：

```
[root@nginx ~]# vim /etc/nginx/conf.d/default.conf
server { #服务
    listen      80; #监听端口
    server_name  localhost; #主机名
    #charset koi8-r; #字符集
    #access_log  /var/log/nginx/host.access.log  main; #访问日志
    location / {  #定位
        root    /usr/share/nginx/html; #网站主目录
        index   index.html index.htm; #默认文件名
    }

    #error_page  404                 /404.html; #错误页面
    # redirect server error pages to the static page /50x.html
    #
    error_page   500 502 503 504  /50x.html;
    location = /50x.html {
        root    /usr/share/nginx/html; #错误页面主目录
    }

    # proxy the PHP scripts to Apache listening on 127.0.0.1:80 #代理设置
    #
    #location ~ \.php$ {
    #    proxy_pass   http://127.0.0.1;
    #}

    # pass the PHP scripts to FastCGI server listening on 127.0.0.1:9000 #动态网
站设置
    #
    #location ~ \.php$ { #PHP 对接
    #    root           html;
    #    fastcgi_pass   127.0.0.1:9000;
    #    fastcgi_index  index.php;
    #    fastcgi_param  SCRIPT_FILENAME  /scripts$fastcgi_script_name;
    #    include        fastcgi_params;
    #}

    # deny access to .htaccess files, if Apache's document root #访问控制部分
    # concurs with nginx's one
    #
    #location ~ /\.ht {
    #    deny  all;
    #}
}
```

server{}中的内容是 Nginx 作为 Web 服务器的配置。

1. listen

listen 表示监听，通常后面是端口号，代表服务运行的端口。

2. server_name

server_name 表示服务名，也叫主机名，其实是指网站域名。

location{}中的内容是 Nginx 作为 Web 服务器的网页文件信息。

3. root

root 在系统中是超级用户的意思，在这里表示网站网页主目录。

4. index

index 在这里表示默认页面，后面是存放默认页面的路径。

再下面就是错误网页、反向代理、Nginx 与 PHP 对接的内容。先对这些内容有一个大致的了解，后文将详细讲解。

3.3.3 修改配置文件

本小节将对 Nginx 配置文件进行修改，并观察修改后的效果。在这之前，需要关闭防火墙与 SElinux 协议，再创建一个新的网页配置文件，示例代码如下：

```
[root@nginx ~]# touch /etc/nginx/conf.d/qianfeng.conf
```

这里主页配置文件的扩展名必须是 ".conf"。

进入新创建的主页配置文件，示例代码如下：

```
[root@nginx ~]# cat /etc/nginx/conf.d/qianfeng.conf
server      {
listen    80;
server_name    qianfenglinux.com;
location / {
root    /qianfenglinux;
index    index.html ;
}
}
```

这些内容定位了主页目录与网页文件，保存退出之后需要去创建这些文件与目录，示例代码如下：

```
[root@nginx ~]# mkdir /qianfenglinux
[root@nginx ~]# touch /qianfenglinux/index.html
```

index.html 文件的扩展名必须是 ".html"，表示这个文件由 HTML 编写。

创建成功之后，在网页文件中追加一些简单的内容，这就是网页要显示的内容，示例代码如下：

```
[root@nginx ~]# echo "千锋 用良心做教育" > /qianfenglinux/index.html
```

接着，启动 Nginx 服务并去浏览器访问服务器 IP 地址。这里有一点需要注意，如果之前已经开启了 Nginx 服务，在访问之前需要重启，否则访问到的只会是 Nginx 的默认页面。

在多数系统中所有文件都是双份的，一份在硬盘中，一份在内存中。而正在运行的文件就是在内存中的，被修改的文件恰恰是在硬盘中的，所以修改之后需要重启，让系统重新读取硬盘中的文件，启动可以说是读取文件的过程。示例代码如下：

```
[root@nginx ~]# systemctl restart nginx
```

启动之后继续访问，访问到的仍会是 Nginx 的默认页面。

在访问网站之前并没有对业务进行区分，所以直接访问服务器，只会看到默认的 Nginx 主页。

由于配置文件中已经写入了主机名，接下来将对主机名进行本地域名解析。在 Windows 操作系统中，进入 Windows（C）> windows > System32 > drivers > etc 目录下，使用记事本打开 hosts 文件，如图 3.12 所示。

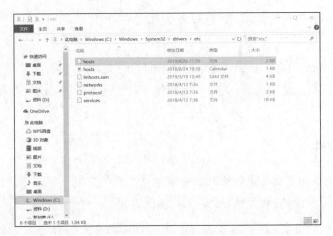

图 3.12　本地域名解析文件夹

接着，在文件中添加服务器的 IP 地址与配置文件中的主机名，如图 3.13 所示。

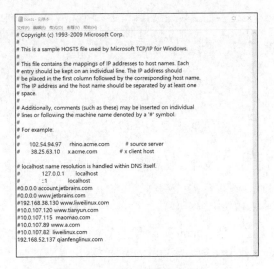

图 3.13　添加 IP 地址与主机名

保存文件之后，再使用主机名访问，访问结果如图 3.14 所示。

图 3.14　本地解析之后访问结果

从图 3.14 可以看到，页面已经出来了，但是显示的文字与网页文件中的不同。这是因为字符集没有设置，浏览器无法翻译文件，所以出现乱码。解决这个问题很简单，再回到主页配置文件中加入字符集内容，示例代码如下：

```
[root@nginx ~]# cat /qianfenglinux/index.html
<head>
<meta charset=utf-8 /">
</head>
千锋　用良心做教育
```

<head>与</head>中间的代码就是 html 文件头部信息。不仅可以添加字符集，还可以添加其他信息，用来与浏览器对话。

修改之后，接着访问服务器主机，访问结果如图 3.15 所示。

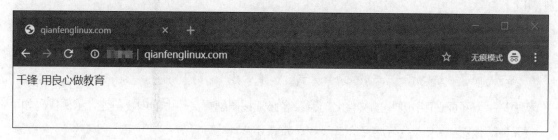

图 3.15　添加字符集后的访问结果

图 3.15 所示为添加字符集后的访问结果。最终通过对网页配置文件的修改，使用浏览器访问到了修改过的网页。

3.4　虚拟主机

3.4.1　基于端口

同一台服务器上可以同时运行多个业务，在服务器中这些业务都被独立分隔，每一个都是独立的个体，每一个个体叫作虚拟主机。一台服务器中运行了多个虚拟主机时，这些虚拟主机就需要一些标识来区分。有三种元素区分：域名、端口、IP 地址。

首先使用端口区分。创建网页配置文件，示例代码如下：

```
[root@nginx ~]# vim /etc/nginx/conf.d/qianfeng.conf
```

直接使用 vim 命令进入该文件，并将文件命名为 qianfeng.conf，这个文件名是自定义的，但此时文件并没有被创建。

在文件中添加相关配置，示例代码如下：

```
server      {
listen      8080;
server_name    192.168.0.103;
location / {
root    /qianfenglinux;
index    index1.html ;
```

```
}
}

server     {
listen     8081;
server_name     192.168.0.103;
location / {
root     /qianfenglinux;
index     index2.html ;
}
}
```

这里添加了两个网站的配置，并让这两个网站分别监听 8080 端口与 8081 端口。

将配置文件保存并退出，这时该文件才被真正创建。然后重启 Nginx 服务，使配置生效，示例代码如下：

```
[root@nginx ~]# systemctl restart nginx
```

添加放置网站内容的文件夹，示例代码如下：

```
[root@nginx ~]# mkdir /qianfenglinux/
```

添加第一个网页文件，这里的文件名与目录名必须按照配置文件中的内容创建，示例代码如下：

```
[root@nginx ~]# cat /qianfenglinux/index1.html
<head>
    <meta http-equiv="Content-Type" content="text/html"; charset="utf-8">
</head>
锋芒所向
```

将第一个网页文件备份到同一文件夹下，作为第二个网页文件，示例代码如下：

```
[root@nginx ~]# cp /qianfenglinux/index1.html /qianfenglinux/index2.html
```

并对 index2.html 文件中的内容进行修改，这样便于区分，示例代码如下：

```
[root@nginx ~]# cat /qianfenglinux/index2.html
<head>
    <meta http-equiv="Content-Type" content="text/html"; charset="utf-8">
</head>
梦想启航
```

保存并退出之后，并不需要重启服务。网页文件与配置文件不同，网页文件保存后即生效。

这时，使用 IP 地址加端口访问服务器的 8080 端口，如图 3.16 所示。

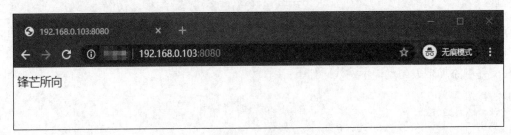

图 3.16   8080 端口的访问

8080 端口访问成功！这里需要注意的是，IP 地址与端口号中间一定要加 ":"，并且这个 ":" 必须是英文格式，否则访问不成功。

接着，访问服务器的 8081 端口，如图 3.17 所示。

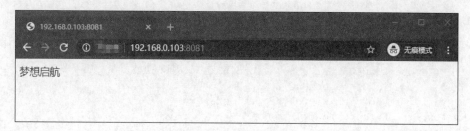

图 3.17　8081 端口的访问

8081 端口访问成功！这就是虚拟主机基于端口的分隔。在 Linux 操作系统中，可用的端口范围是 1～65 535，Web 服务器可以使用这个范围内的任意端口。

3.4.2　基于 IP

在 Linux 操作系统中，一块网卡可以绑定多个 IP 地址，通过给 IP 地址设置不同的别名就可以实现。
首先，进入网卡配置文件所在的目录，示例代码如下：

```
[root@nginx ~]# cd /etc/sysconfig/network-scripts/
```

如果是服务器，网卡配置文件名为 eth0。如果是虚拟机，网卡配置文件名以"ens"开头。这里以虚拟机为例，将网卡配置文件进行备份，示例代码如下：

```
[root@nginx ~]# cp ifcfg-ens33 ifcfg-ens33:0
```

备份后的文件名中，":"后面可以是任意数字，":"前面必须与源文件一致。
打开备份后的文件，将文件中的设备选项（DEVICE）改为当前文件名，示例代码如下：

```
[root@nginx ~]# cat ifcfg-ens33:0
TYPE=Ethernet
PROXY_METHOD=none
BROWSER_ONLY=no
BOOTPROTO=dhcp
DEFROUTE=yes
IPV4_FAILURE_FATAL=no
IPV6INIT=yes
IPV6_AUTOCONF=yes
IPV6_DEFROUTE=yes
IPV6_FAILURE_FATAL=no
IPV6_ADDR_GEN_MODE=stable-privacy
NAME=ens33
UUID=0121d704-39d6-4c6b-965b-d4728229f3c7
DEVICE=ens33:0
ONBOOT=yes
```

注意，配置文件内容不得出现错误，否则接下来的操作将报错。其中，BOOTPROTO 选项中的 dhcp 表示自动获取 IP 地址，无须手动设置 IP 地址，保存退出即可。
这时，网卡配置已经完成，将网络重启，使配置生效，示例代码如下：

```
[root@nginx ~]# systemctl restart network
```

重启之后，查看 IP 地址，验证是否成功，示例代码如下：

```
[root@nginx ~]# ip a
```

成功结果如下：

```
1: lo: <LOOPBACK,UP,LOWER_UP> mtu 65536 qdisc noqueue state UNKNOWN group default
qlen 1000
    link/loopback 00:00:00:00:00:00 brd 00:00:00:00:00:00
    inet 127.0.0.1/8 scope host lo
       valid_lft forever preferred_lft forever
    inet6 ::1/128 scope host
       valid_lft forever preferred_lft forever
2: ens33: <BROADCAST,MULTICAST,UP,LOWER_UP> mtu 1500 qdisc pfifo_fast state UP g
roup default qlen 1000
    link/ether 00:0c:29:ca:f7:aa brd ff:ff:ff:ff:ff:ff
    inet 192.168.77.129/24 brd 192.168.77.255 scope global noprefixroute dynamic
ens33
       valid_lft 1730sec preferred_lft 1730sec
    inet 192.168.77.140/24 brd 192.168.77.255 scope global secondary noprefixroute
ens33:0
       valid_lft forever preferred_lft forever
    inet6 fe80::9813:56e5:3342:f0d6/64 scope link noprefixroute
       valid_lft forever preferred_lft forever
```

这里可以看出，现在网卡已经绑定 192.168.77.129 与 192.168.77.140 两个 IP 地址了。

现在就可以将两个 IP 地址分别用于不同的网站，这就需要通过主机配置文件进行配置了，示例代码如下：

```
#192.168.77.129 的网页配置
server       {
listen    80;
server_name    192.168.52.129;
location / {
root    /qianfenglinux;
index    index1.html;
}
}
#192.168.77.140 的网页配置
server       {
listen    80;
server_name    192.168.52.140;
location / {
root    /qianfenglinux;
index    index2.html;
}
}
```

配置完成后，保存并退出，重启 Nginx 服务，按照配置创建网页文件。

网页文件创建成功之后，开始访问第一个 IP 地址，结果如图 3.18 所示。

第一个网站访问成功之后，接着访问第二个 IP 地址，访问结果如图 3.19 所示。

这就是同一台服务器使用不同的 IP 地址将业务分隔的过程。

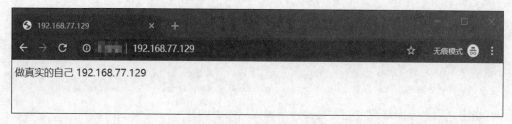

图 3.18　第一个 IP 地址访问结果

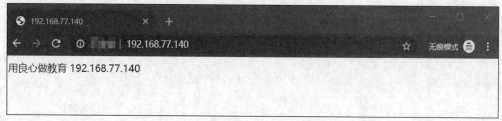

图 3.19　第二个 IP 地址访问结果

3.4.3　引入子配置文件

如果将软件的所有配置都写入同一个配置文件中，就会导致文件过大，系统读取的速度变慢，对软件的运行造成阻碍。通常软件的配置文件都会分成不同的部分，每一部分都叫作子配置文件。当主配置文件需要调用某一子配置文件时，就通过在主配置文件中写入命令与需要调用的子配置文件路径来进行调用，示例代码如下：

```
include /etc/nginx/mime.types
```

这就是之前讲过的 Nginx 主配置文件中的包含命令，表示这一行所包含的文件，后面跟文件路径。

在 Nginx 中，主配置文件与页面配置文件是分开写的，但在 HTTP 内核模块中，使用包含命令引入页面配置文件。示例代码如下：

```
include /etc/nginx/conf.d/*.conf
```

这里的文件路径使用了通配符，表示引用目录下所有以 ".conf" 为扩展名的文件，包括了页面配置文件。这种方式适用于需要引用大量的配置文件。

接下来，进行实验操作。先创建放置自定义子配置文件的目录，示例代码如下：

```
[root@nginx ~]# mkdir /etc/nginx/conf.d/qianfeng
```

再创建自定义子配置文件并添加内容，示例代码如下：

```
[root@nginx ~]# cat /etc/nginx/conf.d/qianfeng/kouding.conf
server       {
listen    80;
server_name    192.168.0.103;
location / {
root    /qianfenglinux;
index    kouding.html;
}
}
```

保存退出之后，创建网页目录与文件，并添加自定义内容，示例代码如下：

```
[root@nginx ~]# cat /qianfenglinux/kouding.html
<head>
    <meta http-equiv="Content-Type" content="text/html"; charset="utf-8">
</head>
初心至善 坚毅致远
```

保存退出之后，开始修改主配置文件，示例代码如下：

```
[root@nginx ~]# cat /etc/nginx/nginx.conf
http {
    include         /etc/nginx/mime.types;
    default_type  application/octet-stream;

    log_format  main  '$remote_addr - $remote_user [$time_local] "$request" '
                      '$status $body_bytes_sent "$http_referer" '
                      '"$http_user_agent" "$http_x_forwarded_for"';

    access_log  /var/log/nginx/access.log  main;

    sendfile         on;
    #tcp_nopush      on;

    keepalive_timeout  65;

    #gzip  on;

    include /etc/nginx/conf.d/*.conf;
    include /etc/nginx/conf.d/qianfeng/*.conf;
}
```

在 HTTP 内核模块中，使用 include 命令将之前写好的自定义配置文件添加进去。然后重启服务，并访问服务器 IP 地址，查看结果。

访问结果会发现只能访问 Nginx 的默认网页，这是因为在主配置文件中将自定义配置写到了默认网页配置的下方。当系统读取文件时，先读取默认的配置，而忽略了自定义的配置修改。

这种情况，需要在主配置文件中将默认网页配置一行注释，示例代码如下：

```
http {
...
    #include /etc/nginx/conf.d/*.conf;
    include /etc/nginx/conf.d/qianfeng/*.conf;
}
```

这里不仅对默认配置进行了注释，还方便日后添加更多的子配置文件，将文件名改为通配符。

修改并重启服务之后，再次对服务器 IP 地址进行访问，访问结果如图 3.20 所示。

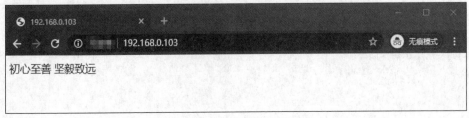

图 3.20　自定义配置访问结果

从图 3.20 中可以看出，子配置文件已经生效，并且可以被成功访问。

3.5　本章小结

本章主要讲解了 Nginx 的相关配置文件、安装时的编译参数与模块、虚拟主机的概念，以及 Nginx 的主配置文件。通过本章的学习，读者应能够了解 Nginx 的主要配置，应熟悉 Nginx 的相关模块，还应掌握如何正确修改 Nginx 的相关配置。

3.6　习题

1. 填空题

（1）程序 ID 又叫作_____。

（2）Nginx 是基于_____进行工作的。

（3）Nginx 主配置文件分为_____、_____、_____三个模块。

（4）Nginx 中所有配置文件的扩展名必须是_____。

（5）虚拟主机由_____、_____、_____三种元素区分。

2. 选择题

（1）当使用 Nginx 需要获取帮助时，可以先查看（　　）。

　　A. man 手册　　　　　B. 声明文档　　　　C. 主配置文件　　　D. 子配置文件

（2）通常 Nginx 启动线程数与（　　）对应。

　　A. 配置文件数　　　　B. 并发数　　　　　C. CPU 核数　　　　D. 端口数

（3）网页文件的扩展名通常为（　　）。

　　A. .conf　　　　　　　B. .html　　　　　　C. .sh　　　　　　　D. .py

（4）服务重启实际上是一个（　　）的过程。

　　A. 重新安装　　　　　B. 重新配置　　　　C. 重新优化　　　　D. 重新读取文件

（5）通常 Nginx 主配置文件引入子配置文件的命令是（　　）。

　　A. listen　　　　　　　B. include　　　　　C. location　　　　　D. server

3. 简述题

（1）简述 Nginx 子配置文件的作用。

（2）简述 Nginx 配置文件 server 段中各参数的含义。

4. 操作题

在 Nginx 服务器中创建三台虚拟主机，并使它们可以被成功访问。

04

第4章 Nginx 日志

Nginx 日志

本章学习目标

- 了解访问日志与错误日志
- 熟悉日志轮转与切割
- 掌握统计日志方式

当用户访问网站时，Web 服务会将访问信息记录到特定的文件中，而记录的文件就是日志文件。在第 3 章讲过 Nginx 日志功能是由 Nginx 的日志模块实现的，并且日志文件是运维工程师在工作中经常接触到的。本章将对 Nginx 日志文件进行详细讲解。

4.1 日志配置

日志文件在生产环境中起着重要作用，运维工程师将利用日志文件进行网站日常维护与排查错误。日志模块会在客户端访问服务器端时，从 Web 服务中读取数据，再将读取到的数据写入日志文件，如图 4.1 所示。

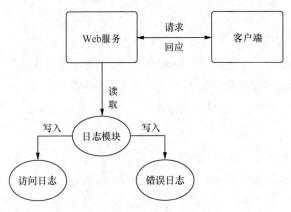

图 4.1 Nginx 日志模块原理

4.1.1 格式与命令

格式是记录信息的方式，不同种类的日志有不同的日志格式，就像有些人写日志能写好几页，而有些人只写几行。

另外，不同日志的语法也是不一样的，访问日志语法如下：

```
Syntax: log_format name [escape=default|json] string ...;
```

在配置文件中，通过 log_format 命令定义访问日志的语法，name 表示格式的名字，后面是各种字符串，由这些字符串表示不同的变量。

打开主配置文件，具体示例如下：

```
[root@nginx ~]# vim /etc/nginx/nginx.conf
```

这里只需要查看 Nginx 日志配置，具体示例如下：

```
http {
        log_format   main   '$remote_addr - $remote_user [$time_local] "$request" '
                           '$status $body_bytes_sent "$http_referer" '
                           '"$http_user_agent" "$http_x_forwarded_for"';

access_log  /var/log/nginx/access.log  main;
}
```

这里 main 就是格式的名字，它后面单引号中的内容就是格式。

1. $remote_addr

$remote_addr 按照字面理解为远程地址，实际上这里记录的是客户端的 IP 地址。

2. $remote_user

$remote_addr 是远程用户的意思，即客户端的用户名，这个变量通常只显示在需要登录的网站的日志中，否则只会在日志中出现占位符来表示变量的存在。为了验证这一点，使用浏览器访问 Nginx 主页，再查看访问日志，就会发现文件中多了一条信息，这就是刚刚的访问记录，具体示例如下：

```
192.168.52.1 - - [28/Aug/2019:19:47:25 +0800] "GET / HTTP/1.1" 200 120 "-" "Mozi
lla/5.0 (Windows NT 10.0; Win64; x64) AppleWebKit/537.36 (KHTML, like Gecko) Chr
ome/75.0.3770.142 Safari/537.36" "-"
```

在这条日志中没有出现用户名，而代替它的是 "-"，这就是占位符，它表示该变量是存在的，但没有具体值。

3. [$time_local]

[$time_local]代表本地时间，简单理解为服务器的时间，不同时区的服务器时间是不同的。

4. $request

$request 表示请求，记录了用户使用的协议版本与动作，还有需要请求的 URL。

5. $status

$status 表示请求结果，即状态码。

6. $body_bytes_sent

$body_bytes_sent 表示服务器端发送给客户端内容的字节数，并不包括响应头部。

7. $http_referer

$http_referer 表示引用，一般情况下网站的访问是不需要被引用的，当用户的访问是通过其他页面跳转过来时，就涉及引用。讲到这里，需要进行一个实验来验证。创建好自定义网站页面之后，在页面中加入超链接，具体示例如下：

```
<head>
    <meta http-equiv="Content-Type" content="text/html"; charset="utf-8">
</head>
<a href="haochengxuyuan.html">好程序员训练营</a>
扣丁学堂
```

这里在网页中创建了一个超链接，并表示出了超链接的内容所在的文件，这仍属于 HTML 的范畴。配置好超链接之后，再创建配置中的文件，否则将会在访问中报错，具体示例如下：

```
[root@nginx ~]# vim haochengxuyuan.html
```

并在文件中添加如下内容：

```
<head>
    <meta http-equiv="Content-Type" content="text/html"; charset="utf-8">
</head>
好程序员训练营
```

保存退出之后，访问 Nginx 自定义主页，访问结果如图 4.2 所示。

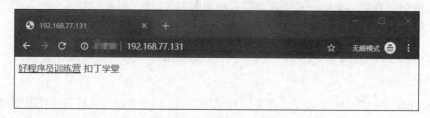

图 4.2　配置超链接的访问结果

从图 4.2 可以看到之前所创建的超链接，单击超链接，如图 4.3 所示。

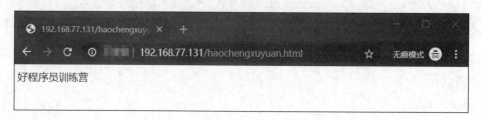

图 4.3　单击超链接

这时，超链接访问成功！再返回终端查看访问日志，具体示例如下：

```
192.168.77.1 - - [02/Sep/2019:15:21:37 +0800] "GET /haochengxuyuan.html HTTP/1.1
" 200 112 "http://192.168.77.131/" "Mozilla/5.0 (Windows NT 10.0; Win64; x64) Ap
pleWebKit/537.36 (KHTML, like Gecko) Chrome/75.0.3770.142 Safari/537.36" "-"
```

这条日志是访问超链接的日志，其中有一条 "http://192.168.77.131/" 的字段，它表示此次访问所引用的网页。

8. $http_user_agent

$http_user_agent 表示客户端信息，这里记录的通常都是浏览器的信息，如谷歌、火狐等。

9. $http_x_forwarded_for

$http_x_forwarded_for 表示代理 IP 地址，即服务器端反向代理的 IP 地址。

4.1.2 访问日志与错误日志

访问日志（access_log）表示用户正常访问的 Web 服务的记录，错误日志（error_log）表示用户在访问 Web 服务时出现失误，而导致用户不能正常访问 Web 服务的访问记录。

1. 访问日志

访问服务器的 Nginx 服务页面，并查看 Nginx 服务的访问日志，示例代码如下：

```
39.106.77.205 - - [17/Dec/2017:14:45:59 +0800] "GET /nginx-logo.png HTTP/1.1" 200
368 "http://192.168.100.10/" "Mozilla/5.0 (Windows NT 6.1; WOW64; rv:57.0) Gecko/
20100101 Firefox/57.0" "-"
```

下面将该日志拆分为多个片段进行讲解。

- 39.106.77.205 是远程客户端的 IP 地址。
- 此处的占位符表示用户。
- [17/Dec/2017:14:45:59 +0800]表示服务器系统时间。
- GET 是客户端的请求方式。
- /nginx-logo.png 表示客户端所请求的文件，此处为图片文件。
- HTTP/1.1 为 HTTP 版本。
- 200 表示状态码。
- 368 表示文件大小。
- http://192.168.100.10/表示引用的链接。
- Mozilla/5.0 (Windows NT 6.1; WOW64; rv:57.0) Gecko/20100101 Firefox/57.0 表示客户端信息，如浏览器版本、浏览器名称等。
- 末尾的占位符表示代理 IP 地址，此处没有代理服务器，所以由占位符表示。

2. 错误日志

为了缓解用户访问失败所产生的情绪，一些网站将错误页面进行了个性化，使页面看起来更有趣。常见的状态码中，最典型的就是 404，在浏览器中打开任意网站，并在 URL 后添加错误路径，即可看到 404 界面，如图 4.4 所示。

图 4.4 个性化 404 界面

下面通过示例演示将 404 界面个性化的操作。

通过终端在 Nginx 主页配置文件中添加相关配置，示例代码如下：

```
server{
        error_page 404 /404.html;
            location = /404.html {
                root                /qianfeng;
        }
}
```

其中，error_page 404 表示错误页面 404，/404.html 表示 404 页面在 URL 中的路径。location = /404.html 表示定位 404 页面文件的路径，花括号中的内容用来指定文件在服务器中的绝对路径。

再按照主页配置文件中的内容，创建对应的目录与文件，示例代码如下：

```
[root@nginx ~]# mkdir /qianfeng
[root@nginx ~]# touch /qianfeng/404.html
```

为了页面的美观，可以在 404 界面中添加图片。通过终端将需要添加的图片上传至服务器 /qianfeng 目录下，并授予图片相关权限，示例代码如下：

```
[root@localhost qianfeng]# chmod 444 404.jpg
```

在 404.html 文件中添加页面内容，示例代码如下：

```
[root@localhost qianfeng]# cat 404.html
<head>
    <meta http-equiv="Content-Type" content="text/html"; charset="utf-8">
</head>
无敌的我又迷路了! <br/>
<img src="404.jpg">
```

此处的页面是由 HTML 编写的，HTML 是一种标记性语言，其中的内容都是由标签来区别。其中，换行的标签是
，图片的标签是<img>，src 用于指定图片路径。

保存退出之后，重启 Nginx 服务，并通过浏览器访问服务器 IP 地址。注意，此时需要访问的是服务器 404 界面，在服务器 IP 地址后添加错误路径即可，如图 4.5 所示。

图 4.5　新建个性化 404 界面

此时，一条错误日志就已经写在了错误日志文件中，示例代码如下：

```
2019/11/06 22:45:10 [error] 24869#24869: *4 open() "/qianfeng/linux" failed (2:
No such file or directory), client: 192.168.66.1, server: qianfenglinux.com, req
uest: "GET /linux HTTP/1.1", host: "192.168.66.129"
```

　　日志大意：在 2019 年 11 月 6 日 22 时 45 分 10 秒，发生了一个错误，错误编号是 24869#24869，客户端 192.168.66.1 在服务器端主页 qianfenglinux.com 通过 HTTP/1.1 获取 192.168.66.129 主机上的 /linux，结果打开/qianfeng/linux 文件失败，原因是没有这样的文件或目录。

　　错误日志的格式与访问日志相同，都可以在 Nginx 主配置文件中进行自定义修改。

4.2　日志轮转与切割

　　日志在服务器中不断的积累，长此以往，既不便于储存，也将占用服务器的大量资源。在 Nginx 安装过程中，会自动开启日志轮转模块，以便处理多余日志。下面在服务器中查看日志轮转规则文件，示例代码如下：

```
[root@nginx ~]# cat /etc/logrotate.d/nginx
/var/log/nginx/*.log {
        daily
        missingok
        rotate 52
        compress
        Delaycompress #延迟压缩
        Notifempty #空日志文件不轮转
        create 640 nginx adm #创建新文件，设置权限、属主、属组
        sharedscripts
        postrotate
                if [ -f /var/run/nginx.pid ]; then
                        kill -USR1 `cat /var/run/nginx.pid`
                fi
        endscript
}
```

　　下面对日志轮转文件的各项进行讲解。

- /var/log/nginx/*.log 表示日志轮转对象。
- daily 表示日志轮转周期，即一天轮转一次，可根据日志大小配置。
- missingok 表示丢失不提示。
- rotate 52 表示保留份数，此处为 52 份，超过 52 份将进行轮转。
- compress 表示需要对日志进行压缩。
- Delaycompress 表示延迟压缩，为节省 CPU，可以在日志积累到一定量时，再进行压缩。
- Notifempty 表示空文件不轮转，即在日志文件中没有内容时，不进行轮转。
- create 640 nginx adm 表示创建新日志文件，授予其 640 权限，并将属主设为 nginx，属组设为 adm。
- sharedscripts 表示所有文件归档完成后执行脚本。
- postrotate 表示日志切割后执行的命令。
- endscript 表示脚本终止。

　　日志轮转分为两步：第一步，对旧日志文件的文件名称进行修改，此时 Nginx 的日志仍在旧文件中写入；第二步，向 Nginx 主进程发送 USR1 信号，Nginx 收到信号后将会创建新日志文件，并以

Nginx 进程的属主作为新日志文件的属主。此时 Nginx 将会把日志写入新日志文件，并可以对旧日志文件进行切割。

另外，Nginx 日志文件还可以进行手动轮转，示例代码如下：

```
[root@nginx ~]# /usr/sbin/logrotate -s /var/lib/logrotate/logrotate.status /etc/
logrotate.conf
```

执行命令之后，查看/var/log/nginx/下的文件，示例代码如下：

```
[root@nginx ~]# ll /var/log/nginx/
total 12
-rw-r-----. 1 nginx adm    0 Nov  7 02:24 access.log
-rw-r-----. 1 nginx adm 3771 Nov  6 22:45 access.log-20191107
-rw-r-----. 1 nginx adm    0 Nov  7 02:24 error.log
-rw-r-----. 1 nginx adm 4516 Nov  6 22:45 error.log-20191107
```

上述示例中，旧日志文件已经被更改了文件名称，说明手动轮转成功。

4.3　日志分析

PV 是指在特定时间内服务器端被访问的总次数，UV 是指在特定时间内访问服务器端用户的数量。日志分析的本质是对服务器端的访问量进行多角度的统计，如 PV、UV 等。

由于企业中的日志量十分庞大，当进行日志分析时，需要通过正则表达式进行统计数据。正则表达式中的变量需要通过日志格式来确定，以 4.1.1 小节中的日志格式为例。其中，每一个字段都用空格分隔开，一个字段代表一个变量。例如，$remote_addr 为第一个字段则表示$1，$time_local 表示 $4 等，依此类推。

为体现示例效果，本书课件中为读者提供了一份包含大量日志文件的压缩包。将日志文件压缩包通过终端上传至服务器中/var/log/nginx/路径下，并将之前的访问日志删除。解压缩日志文件压缩包，示例代码如下：

```
[root@nginx nginx]# unzip access\ log.zip
[root@nginx nginx]# ls
access log.zip  error.log  log
```

解压缩之后，当前目录出现一个 log 目录，进入该目录，并查看所有访问日志的总数与所有日志文件的大小，示例代码如下：

```
[root@nginx nginx]# cd log/
[root@nginx log]# cat * | wc -l
2298623
[root@nginx log]# du -sh ./
538M    ./
```

由上述示例可得，该目录下 538M 大小的文件包含了 298 623 条访问日志，足以体现示例效果。

1. 统计 PV 量

在企业中，PV 量的统计尤为重要，运维工程师可以根据对 PV 量的统计，预测高并发可能出现的时间，并做出应对高并发风险的对策。

下面在访问日志中统计 2017 年 9 月 5 日的 PV 量，示例代码如下：

```
[root@nginx log]# grep '05/Sep/2017' cd.mobiletrain.org.log |wc -l
1260
```

上述命令中，表示过滤 cd.mobiletrain.org.log 中 2017 年 9 月 5 日的访问日志，并只显示它们的行数。其中，wc 是统计命令，–l 参数表示只显示行数。

接着统计这一天 8 时～9 时的 PV 量，示例代码如下：

```
[root@nginx log]# awk '$4>="[05/Sep/2017:08:00:00" && $4<="[05/Sep/2017:09:00:00
" {print $0}'  sz.mobiletrain.org.log | wc -l
53
```

上述命令中，表示过滤出日志文件中时间大于等于 2017 年 9 月 5 日 8 时整与小于等于 2017 年 9 月 5 日 9 时整的访问日志，并只显示它们的行数。

另外，也可以将命令简化，示例代码如下：

```
[root@nginx log]# grep '05/Sep/2017:08' sz.mobiletrain.org.log  |wc -l
53
```

下面将通过示例演示统计前一分钟的 PV 量，示例代码如下：

```
[root@nginx log]# awk  -v date=$date '$0 ~ date {i++}
END{print i}'  sz.mobiletrain.org.log
```

Shell 中的变量在 awk 程序中无法使用。这是因为当执行 awk 时，是一个新的进程去处理，所以就需要-v 参数来向 awk 程序中传参数。例如，在 Shell 程序中，有一个变量 a=1，在 awk 程序中不可直接使用变量 a，而用 awk -v b=a，在 awk 程序中使用变量 b，也相当于使用变量 a。

2. 统计 UV 量

通过统计特定时间内访问最多的用户 IP 地址，有利于发掘出新客户，使企业达到营利的目的。
下面在访问日志中统计 2017 年 9 月 5 日一天内访问最多的 10 个 IP 地址，示例代码如下：

```
[root@nginx log]# grep '05/Sep/2017' cd.mobiletrain.org.log | awk '{ ips[$1]++ }
 END{for(i in ips){print i,ips[i]} } '| sort -k2 -rn | head -n10
182.140.217.111 138
121.29.54.122 95
121.29.54.124 84
121.29.54.59 73
121.29.54.101 73
121.29.54.62 62
121.29.54.60 56
58.216.107.23 52
119.147.33.22 50
121.31.30.169 42
```

上述命令中，表示首先过滤出 cd.mobiletrain.org.log 中 2017 年 9 月 5 日的访问日志，再通过用户 IP 地址，以递增的方式过滤出用户 IP 地址的数量，输出每个 IP 地址，按照 UV 量从大到小排序，且只显示前 10 个。

3. 统计多次访问的用户 IP 地址

下面统计 2017 年 9 月 5 日访问次数大于 100 次的用户 IP 地址，示例代码如下：

```
[root@nginx log]# grep '05/Sep/2017' cd.mobiletrain.org.log | awk '{ ips[$1]++ }
 END{for(i in ips){ if(ips[i]>100)  {print i,ips[i]} } }'| sort -k2 -rn | head -
```

```
n10
182.140.217.111 138
```

上述示例中，表示首先过滤出 cd.mobiletrain.org.log 中 2017 年 9 月 5 日的访问日志，再通过用户 IP 地址，以递增的方式过滤出用户 IP 地址的数量。如果是访问次数大于 100 次的用户 IP 地址，则进行输出，按照访问次数从大到小排序，且只显示前 10 个。

4. 统计访问最多的页面

通过统计访问最多的页面，即可得知多数用户感兴趣的业务，有利于企业对客户需求的分析。

下面统计 2017 年 9 月 5 日被用户访问最多的 10 个页面，示例代码如下：

```
[root@nginx log]# grep '05/Sep/2017' cd.mobiletrain.org.log |awk '{urls[$7]++} E
ND{for(i in urls){print urls[i],i}}' |sort -k1 -rn |head -n10
60 /
41 /img/banner_btn.png
23 /js/jquery-1.8.3.min.js
21 /img/kbxx_bg.png
21 /css/cd_index.css
20 /d/file/works/2017-04-28/afed3f12498e47572f7a31dad04c4717.jpg
19 /js/ymcore.js
18 /img/ico.png
17 /img/huanglaoshi.jpg
17 /e/admin/DoTimeRepage.php
```

上述示例中，表示首先过滤出 cd.mobiletrain.org.log 中 2017 年 9 月 5 日的访问日志，再通过用户访问页面，以递增的方式过滤用户访问页面的数量，输出每个页面，按照访问次数从大到小排序，且只显示前 10 个。

5. 统计访问内容大小

通过统计访问内容的大小，可以得知 Web 服务器大致的资源占用情况。

下面统计 2017 年 9 月 5 日每个 URL 访问内容总大小，示例代码如下：

```
[root@nginx log]# grep '05/Sep/2017' sz.mobiletrain.org.log |
> awk '{ urls[$7]++; size[$7]+=$10}
> END{for(i in urls){print urls[i],size[i],i}}'|
> sort -k1 -rn | head -n10
44 4040481 /
34 5372 /e/admin/DoTimeRepage.php
25 75026 /js/jquery-1.11.3.min.js
25 678973 /skin/sz/js/minkh.php
22 173642 /skin/sz/js/page/jquery-1.4.2.min.js
21 1906 /skin/sz/js/page/ready.js
19 3312 /skin/sz/js/table.js
18 10184 /skin/sz/js/page/core.js
16 7818 /img/kbxx_bg.png
16 42120 /img/sz_home/sz_js.png
```

上述示例中，表示首先过滤出 cd.mobiletrain.org.log 中 2017 年 9 月 5 日的访问日志，再通过 URL，以递增的方式过滤出 URL 被访问的数量以及 URL 与页面文件大小，然后分别输出页面文件大小、被访问次数及 URL，并按照页面文件从大到小排序，且只显示前 10 个。

6. 统计状态码

通过统计日志文件中的状态返回码，网站管理员可以更全面地了解用户的访问情况，示例代码如下：

```
[root@nginx log]# grep '05/Sep/2017' cd.mobiletrain.org.log |
> awk '{ ip_code[$1" "$9]++}
> END{ for(i in ip_code){print i,ip_code[i]} }' |
> sort -k1 -rn | head -n10
220.112.25.173 304 1
220.112.25.173 200 30
183.214.128.195 304 18
183.214.128.195 200 10
183.214.128.152 200 10
183.214.128.142 304 18
183.214.128.142 200 5
182.140.217.111 404 7
182.140.217.111 304 109
182.140.217.111 200 22
```

上述示例中，表示首先过滤出 cd.mobiletrain.org.log 中 2017 年 9 月 5 日的访问日志，再根据用户 IP 地址与状态码，以递增的方式统计出各个 IP 地址状态遇到状态码的次数，然后分别输出用户 IP 地址、状态码及次数，并按照用户 IP 地址从大到小排序，且只显示前 10 个。

当 Web 服务器发生故障时，可以通过统计某状态码出现的次数，来判断服务器的故障点。

下面统计 2017 年 9 月 5 日访问状态码为 404 的用户 IP 地址和出现次数，示例代码如下：

```
[root@nginx log]# grep '05/Sep/2017' cd.mobiletrain.org.log |
>   awk '$9=="404"{ccc[$1" "$9]++}
> END{for(i in ccc){print i,ccc[i]}}'  |
> sort -k3 -rn
58.216.107.23 404 45
58.250.143.116 404 14
121.29.54.59 404 12
111.161.109.103 404 12
106.117.249.43 404 11
182.140.217.111 404 7
139.215.203.174 404 4
123.151.76.53 404 3
119.147.33.22 404 3
121.31.30.169 404 2
...
```

上述示例中，表示首先过滤出 cd.mobiletrain.org.log 中 2017 年 9 月 5 日的访问日志，再根据状态码为 404 的用户 IP 地址，以递增的方式统计出各 IP 地址遇到 404 状态码的次数，然后分别输出用户 IP 地址、状态码与次数，并按照次数从大到小排序。

正则表达式的运用比较灵活，可以按照用户的意愿以不同的方式达到相同的目的，示例代码如下：

```
[root@nginx log]# grep '05/Sep/2017' sz.mobiletrain.org.log |  awk '{if($9="404"
){ip_code[$1" "$9]++}} END{for(i in ip_code){print i,ip_code[i]}}' | sort -k3 -r
n
119.147.33.26 404 147
119.147.33.18 404 118
119.147.33.22 404 117
```

```
119.147.33.20 404 94
121.29.54.124 404 91
121.31.30.169 404 90
121.29.54.101 404 76
121.29.54.62 404 71
139.215.203.174 404 67
121.29.54.122 404 67
...
```

上述示例中，改变了正则表达式的写法，但同样达到了统计 2017 年 9 月 5 日访问状态码为 404 的用户 IP 地址及其出现次数的目的。

下面将统计 2017 年 9 月 5 日 8 时 30 分至 9 时，出现 404 状态码的 IP 地址数量，示例代码如下：

```
[root@nginx log]# awk '$4>="[05/Sep/2017:08:30:00" &&
$4<="[05/Sep/2017:09:00:00"
{if($9="404"){ip_code[$1" "$9]++}}
END{for(i in ip_code){print i,ip_code[i]}}'  sz.mobiletrain.org.log
58.216.107.21 404 638
139.215.203.174 404 6760
125.211.204.174 404 8718
58.216.107.22 404 599
111.13.3.44 404 916
1.82.215.167 404 1
1.82.242.44 404 2224
110.53.180.174 404 4821
106.117.249.12 404 7366
1.180.204.173 404 1044
...
```

上述示例中，表示过滤出日志文件中时间大于等于 2017 年 9 月 5 日 8 时 30 分与小于等于 2017 年 9 月 5 日 9 时整的访问日志。如果是状态码为 404 的访问日志，就根据用户 IP 地址与状态码以递增的方式统计出各 IP 地址遇到 404 状态码的次数，然后分别输出用户 IP 地址、状态码及次数。

下面将统计 2017 年 9 月 5 日各种状态码数量，示例代码如下：

```
[root@nginx log]# grep '05/Sep/2017' sz.mobiletrain.org.log  |
> awk '{code[$9]++} END{for(i in code){print i,code[i]}}'
301 1
304 821
200 625
404 290
405 1
```

上述命令中，表示首先过滤出 cd.mobiletrain.org.log 中 2017 年 9 月 5 日的访问日志，再将各状态码出现的次数以递增的形式进行统计，分别显示出状态码与该状态码总共出现的次数。

为了增加数据直观性，还可以将各状态码占所有状态码的比例，以百分比的形式显示出来，示例代码如下：

```
[root@nginx log]# grep '05/Sep/2017' sz.mobiletrain.org.log | awk '{code[$9]++;t
otal++} END{for(i in code){printf i" ";printf code[i]"\t";printf "%.2f",code[i]/
total*100;print "%"}}'
301 1   0.06%
304 821 47.24%
200 625 35.96%
404 290 16.69%
```

```
405 1   0.06%
```

上述示例中，原理与之前的示例相似，这里不再赘述。

4.4　本章小结

本章讲解了 Nginx 服务的日志格式、日志轮转以及日志分析所需要用到的各种查询方式。通过本章的学习，读者应能够在生产环境中对日志文件进行准确的、熟练的分析，灵活运用日志文件对线上业务进行更好的维护。

4.5　习题

1. 填空题

（1）记录成功访问信息的日志，叫作_____。

（2）记录错误访问信息的日志，叫作_____。

（3）日志模块会在客户端访问服务器端时，从 Web 服务中_____数据，再将_____到的数据_____到日志文件中。

（4）在配置文件中，通过_____命令进行定义访问日志的语法。

（5）_____是指在特定时间内服务器端被访问的总次数，_____是指在特定时间内访问服务器端用户的数量。

2. 选择题

（1）下列变量中表示客户端 IP 地址的是（　　　）。

    A. $remote_addr
        B. $remote_user

    C. $request
        D. $http_x_forwarded_for

（2）下列变量中表示状态码的是（　　　）。

    A. $request
        B. $http_user_agent

    C. $status
        D. $http_referer

（3）下列参数在日志轮转文件中，表示保留日志份数的参数是（　　　）。

    A. rotate   B. missingok   C. compress   D. Delaycompress

（4）下列参数在日志轮转文件中，表示轮转周期的参数是（　　　）。

    A. endscript   B. sharedscripts   C. Notifempty   D. daily

（5）日志分析的本质是对服务器端的访问量进行多角度的（　　　）。

    A. 监控   B. 计算   C. 限制   D. 统计

3. 简述题

（1）简述 Nginx 日志格式配置中各个变量的含义。

（2）简述 Nginx 日志轮转的流程。

4. 操作题

修改 Nginx 日志格式，并访问服务器查看访问日志。

第 5 章　Web 模块

本章学习目标

Web 模块

- 熟悉连接状态的查询方式
- 了解 Web 模块的工作原理
- 掌握 Web 模块的使用方式

　　Nginx 的 Web 服务功能由其自身的 Web 模块实现,这也体现了 Web 模块的强大。在 Web 模块中,运维工程师通过一系列操作来维持 Nginx 在 Web 服务中的正常运转,甚至实现一些对客户端有直接影响的操作。本章将对 Web 的功能及其使用方式进行详细讲解。

5.1　随机主页模块

　　随机主页是指设计多个 Web 主页,并在用户访问 Web 主页时,将这些主页随机呈现给用户,这属于一种微调更新机制。

　　下面将通过示例演示随机主页的配置方式。首先创建一个放置主页面文件的目录,示例代码如下:

```
[root@nginx ~]# mkdir /kd
```

　　再创建多个主页面文件,示例代码如下:

```
[root@nginx ~]# cd /kd/
[root@nginx kd]# ls
[root@nginx kd]# touch /kd/{a.html,b.html,c.html,.d.html}
```

　　上述示例中,只通过一条命令创建了 4 个 HTML 文件,这种方式适用于创建大量文件。其中,在 d.html 文件之前添加了一个 ".",表示这是一个隐藏文件,通常不会显示出来。下面查看/kd 目录下的文件,示例代码如下:

```
[root@nginx kd]# ls
a.html  b.html  c.html
```

　　上述示例中,通过 ls 命令没有查看到该目录下的所有文件,而只查看到三个文件。由于 d.html 是隐藏文件,当查看文件时需要添加-a 参数,示例代码如下:

```
[root@nginx kd]# ls -a
.  ..  a.html  b.html  c.html  .d.html
```

接着，在不同文件中添加不同的内容，示例代码如下：

```
[root@nginx kd]# cat a.html
<html>
<head>
<title>千锋 A</title>
    <meta http-equiv="Content-Type" content="text/html"; charset="utf-8">
</head>
<h1>Welcome to 千锋 A</h1>
<h2>Welcome to 千锋 A</h2>
<h3>Welcome to 千锋 A</h3>
<h4>Welcome to 千锋 A</h4>
<h5>Welcome to 千锋 A</h5>
<h6>Welcome to 千锋 A</h6>
</html>
```

上述示例中，使用 HTML 作为主页文件内容。其中<html>标签是 HTML 的标识，其本身没有任何意义，只是一种书写规范。<title>标签表示标头，即页面上方标题栏中显示的内容，如图 5.1 所示。

图 5.1　页面标头

而<h1>标签则表示正文内容的标题及其字号，字号设置范围从大到小为 1～6。将 a.html 中的内容复制到其他文件，并稍作修改，使 4 个文件中的内容都各不相同。注意，当配置 d.html 文件时，必须在文件名称前添加 "."，否则默认为创建新文件，示例代码如下：

```
[root@nginx kd]# cat .d.html
<html>
<head>
<title>千锋 D</title>
    <meta http-equiv="Content-Type" content="text/html"; charset="utf-8">
</head>
<h1>Welcome to 千锋 D</h1>
<h2>Welcome to 千锋 D</h2>
<h3>Welcome to 千锋 D</h3>
<h4>Welcome to 千锋 D</h4>
<h5>Welcome to 千锋 D</h5>
<h6>Welcome to 千锋 D</h6>
</html>
```

另外，对隐藏文件做出的所有操作必须添加 "."，否则不生效。

主页文件都配置完成之后，开始修改配置文件，示例代码如下：

```
[root@nginx nginx]# cat /etc/nginx/conf.d/default.conf
server {
    listen        80;
    server_name  localhost;
    location / {
        #root    /usr/share/nginx/html;
```

```
        #index   index.html index.htm;
        root /kd;
        random_index on;
    }
  }
```

上述示例中，给默认主页配置添加了注释符，并且只配置了自定义主页面所在的目录，并没有定位绝对路径。其中，random_index 表示随机的索引，而主页面就是一种索引，on 表示开启，此处的意思是开启了随机主页配置。

重启 Nginx 服务之后，通过浏览器访问服务器 IP 地址，如图 5.2、图 5.3 和图 5.4 所示。

图 5.2　A 主页

图 5.3　B 主页

图 5.4　C 主页

将页面刷新之后，就会随机出现一个页面，但 d.html 文件中的内容始终不会出现在页面中。这是因为服务器不会向用户展示隐藏文件。

5.2　替换模块

大多数网站中，不同页面使用的模板都是相同的。也就是将之前的页面文件备份，并修改一些关键内容，即可成为一个新页面，如图 5.5、图 5.6 所示。

图 5.5　腾讯要闻部分页面

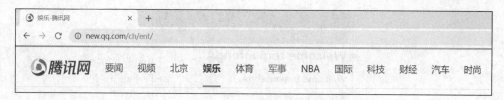

图 5.6　腾讯娱乐部分页面

当浏览器加载新页面之后，可能由于代码导致页面中部分内容与之前的页面发生冲突，此时再去修改代码将是一件十分消耗时间的事情。例如，当编辑 Word 文档时，发现错误可以通过替换工具进行全局替换。而在 Nginx 中，可以通过替换模块进行内容替换，将错误的内容替换为正确的。

下面在主页配置文件中添加替换模块配置，示例代码如下：

```
[root@nginx ~]# cat /etc/nginx/conf.d/qianfeng.conf
server {
    listen        80;
    server_name  localhost;
    sub_filter 千锋 'qianfeng';
    sub_filter_once on;
    location / {
        root /kd;
        random_index on;
    }
}
```

上述示例中，在 Nginx 主页配置文件中添加了两条替换模块配置。其中，"sub_filter 千锋 'qianfeng'"表示过滤出"千锋"，并将其替换为"qianfeng"，而"sub_filter_once on"表示开启替换模块，并且只过滤一次。

配置完成之后，访问服务器 IP 地址，如图 5.7 所示。

从图 5.7 中可以看到，替换模块对页面内容进行单次替换，只替换了页面的标头中的字符。

也就是说，在配置文件中开启替换模块，并配置需要替换的内容，即可达到替换页面内容的目的。

图 5.7　单次替换页面

下面将配置文件中单次替换的配置关闭，即可进行全局替换，示例代码如下：

```
server {
    listen        80;
    server_name  localhost;
    sub_filter 千锋 'qianfeng';
    sub_filter_once off;
    location / {
        root /kd;
        random_index on;
    }
}
```

重启 Nginx 服务，再访问服务器 IP 地址，如图 5.8 所示。

图 5.8　全局替换页面

从图 5.8 中可以看到，将单次替换关闭之后，页面中的所有"千锋"字符已被替换。

5.3　文件读取模块

ngx_http_core_module 表示文件读取模块，而这只是一个总称。其实文件读取模块具体分为三个模块，分别是 sendfile、tcp_nopush、tcp_nodelay。

5.3.1　sendfile

sendfile 表示文件发送，是用于管理文件发送的模块。

sendfile 的具体语法如下：

```
Syntax:    sendfile on / off;
Default:   sendfile on;
Context: http, server, location, if in location
```

在传统的文件发送方式中，文件需要进行多次复制，才能够进行发送，如图 5.9 所示。

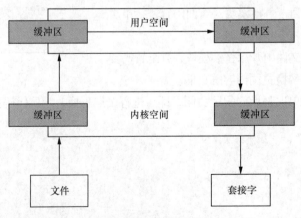

图 5.9　传统发送方式

图 5.9 中，首先将文件复制到内核空间的缓存区，再将内核空间缓存区的文件复制到用户空间的缓存区。接着将用户空间缓存区的文件复制到内核空间的缓存区，此时文件所在的内核空间的缓存区与套接字相关联，最后将文件复制到协议栈。

相较于传统的文件发送方式，sendfile 为 Nginx 在发送文件时节省了时间，提高了文件发送的效率，如图 5.10 所示。

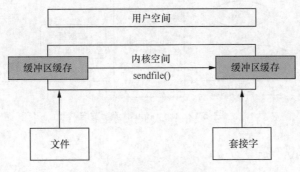

图 5.10　sendfile 发送方式

图 5.10 中，首先将文件复制到内核空间的缓存区，接着直接将文件复制到内核空间中与套接字相关联的缓存区，最后复制到协议栈。sendfile 不会将文件复制到用户空间，而是直接从内核空间的缓存区复制到另一个与套接字相关联的缓存区，从而省去了许多复制步骤，同时提高了文件发送的效率。

5.3.2　tcp_nopush

tcp_nopush 是负责管理流量发送的模块，在 sendfile 的基础上为 Nginx 提供了更高效的发送方式。

tcp_nopush 的具体语法如下：

```
Syntax:     tcp_nopush on | off;
Default:    tcp_nopush off;
Context: http, server, location
```

nopush 表示不上传，也就是禁止流量发送，但并不是完全禁止，否则 Nginx 将无法发送流量，而是控制流量发送。

在传统的流量发送方式中，应用程序每产生一次操作就会发送一个包。通常一个包会拥有一个字节的数据以及 40 个字节长的包头，而一个数据包最多可以容纳 4000 字节。于是就产生了极大的过载，很容易发生网络拥塞，同时也浪费资源，如图 5.11 所示。

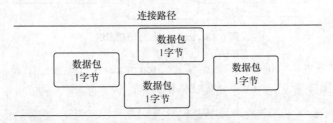

图 5.11　传统流量发送

tcp_nopush 类似于连接中的一个开关，当流量积攒到一定量时，开关打开发送流量，当一个数据包发送完成之后又关闭开关，如图 5.12 所示。

图 5.12 中，tcp_nopush 减少了数据包的过载，同时也减小了网络的压力。但这种方式并非适用于所有情况，例如，用户看视频时，这种方式容易造成视频卡顿。

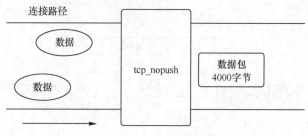

图 5.12　tcp_nopush 流量发送

5.3.3　tcp_nodelay

tcp_nodelay 同样是负责管理流量发送的模块，但与 tcp_nopush 不同，tcp_nodelay 允许 Nginx 即时发送数据。

tcp_nodelay 语法如下：

```
Syntax:     tcp_nodelay on | off;
Default:    tcp_nodelay on;
Context: http, server, location
```

nodelay 表示不延迟，它存在的目的就是减缓网络延迟，提高用户工作效率，只要服务器一产生数据就会压缩发送。例如，通过 SSH 连接服务器，用户每执行一个命令就会发送一个数据包，无论是多大的数据包都会发送。如果开启 tcp_nopush 或类似程序，将会给用户的操作带来频繁的卡顿。

Nagle 算法是一种 TCP 的常用算法，通常是默认开启的，它的作用与 tcp_nopush 类似，同样是通过减少数据包的发送量来优化网络。而 tcp_nodelay 只有在 TCP 连接转变为长连接时才会被启用，并且会禁用 Nagle 算法，也就是将数据包立即发送出去，如图 5.13 所示。

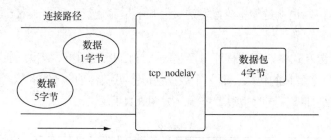

图 5.13　tcp_nodelay 流量发送

从图 5.13 中可以看到，无论多大的数据都会被 tcp_nodelay 压缩发送出去。

下面查看 Nginx 主配置文件中关于文件读取模块的配置，示例代码如下：

```
[root@nginx nginx]# cat nginx.conf
http {
sendfile        on;
    #tcp_nopush      on;
}
```

从上述示例中可以看到，文件读取模块中有 sendfile 和 tcp_nopush，但由于不确定用户的业务情况，所以 tcp_nopush 的配置前有一个注释符，当用户需要时删除注释符即可。而 Nginx 主配置文件中没有关于 tcp_nodelay 的配置，说明它默认是关闭的，当用户需要时在文件中添加 "tcp_nodelay on"
即可。

5.4　文件压缩模块

5.4.1　原理与语法

文件压缩是计算机中常用的功能，它将多个文件或多个目录整合，最终生成一个小的压缩包文件。将压缩包文件传输给其他用户，其他用户收到压缩包文件后，再将文件解压缩，使文件恢复到原来的体积。

在压缩文件的过程中，压缩软件将定义一个或一些变量，用来替换文件内重复的字符，从而减小文件体积。解压缩文件时，再将变量值带入文件，即可恢复原来的文件。示例文件如下：

北京千锋 Linux 云计算某同学在早上 7 点起床。北京千锋 Linux 云计算某同学参加了面试。北京千锋 Linux
云计算某同学拿到了 offer。

将该文件压缩之后如下：

a=北京千锋 Linux 云计算某同学
$a 在早上 7 点起床。$a 参加了面试。$a 拿到了 offer。

文件进行压缩之后，明显内容少了许多，文件体积也减小许多。

文件压缩模块是一种服务于文件传输的模块，在 Nginx 传输文件之前，将文件进行压缩，达到提高传输效率的目的。

文件压缩模块的语法分为三种：开启或关闭、压缩比例、模块版本。

1. 开启或关闭

开启或关闭是所有模块的核心语法，示例代码如下：

```
Syntax:    gzip on | off;
Default:   gzip off;
Context: http, server, location, if in location
```

上述示例中，文件压缩模块默认是关闭的，需要用户手动开启。

2. 压缩比例

大多数情况下，压缩软件或程序都会有有关压缩比例的设置，如图 5.14 所示。

图 5.14　压缩前设置

图 5.14 中，"速度最快"选项表示对文件进行最快速的压缩，但压缩比例小，而"文件最小"选项表示对文件进行最大比例压缩，但压缩时间长。故压缩比例决定了传输的速度，即压缩比例越大，压缩后文件体积越小，传输速度越快；压缩比例越小，压缩后文件体积越大，传输速度越慢。但由此衍生出了一个新问题：压缩比例越大，压缩时占用系统资源就越大，而压缩比例越小，传输速度越慢。

文件压缩模块具体语法如下：

```
Syntax:     gzip_comp_level level;
Default:    gzip_comp_level 1;(1~9)
Context: http, server, location
```

文件压缩模块的压缩比例分为 9 个等级，比例由小到大参数分别是 1~9，Nginx 默认使用最小比例压缩。

3. 模块版本

文件压缩模块分为 1.0 与 1.1 两个版本，通常 Nginx 默认使用 1.1 版本，具体语法如下：

```
Syntax:     gzip_http_version 1.0 | 1.1;
Default:    gzip_http_version 1.1;
Context:    http, server, location
```

5.4.2　示例与验证

下面将通过在页面中 GET 文件的方式，验证压缩模块的应用效果。

首先准备一台服务器，在主页面文件所在目录下分别上传图片、压缩包及文本文件，示例代码如下：

```
[root@nginx html]# ls
50x.html  index.html  404.jpg  test.txt  nginx-1.16.0.tar.gz
```

此处分别以 404.jpg、test.txt、nginx-1.16.0.tar.gz 为例。

文件上传完成后，通过浏览器访问这些文件，打开浏览器按"F12"键进入开发者模式。在 URL后添加文件路径即可访问文件，此处以 Firefox 浏览器为例，如图 5.15 所示。

图 5.15　访问文件路径

此处访问的是文本文件，在开发者模式界面中选择"网络"，将会看到该文件传输时的体积，如图 5.16 所示。

图 5.16　压缩前文本文件传输

从图 5.16 中可以看到，此时的文本文件的大小是 3.56KB。

下面访问图片文件，如图 5.17 所示。

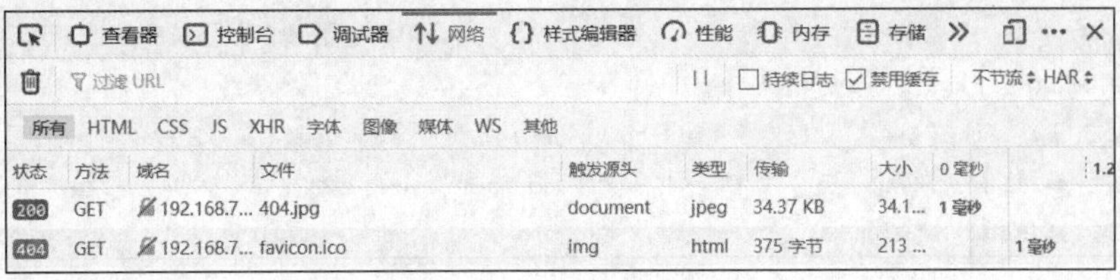

图 5.17　压缩前图片文件传输

从图 5.17 中可以看到，此时的图片文件的大小是 34.37KB。

下面访问压缩包文件，如图 5.18 所示。

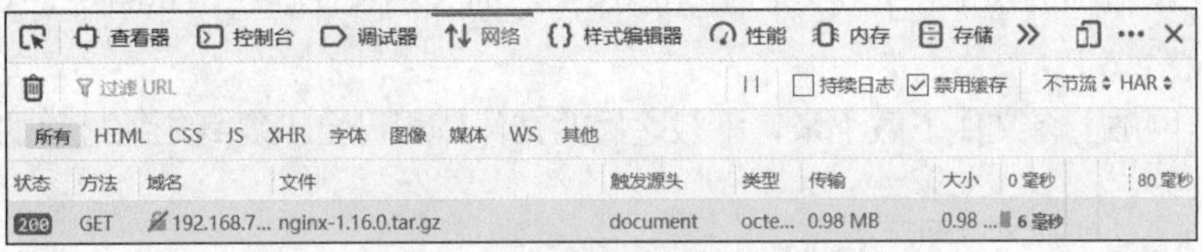

图 5.18　压缩前压缩包文件传输

从图 5.18 中可以看到，此时的压缩包文件的大小是 0.98MB。

接着修改 Nginx 主配置文件，为 Nginx 添加文件压缩模块，示例代码如下：

```
http {
gzip  on;
    gzip_http_version 1.1;
    gzip_comp_level 2;
    gzip_types text/plain application/javascript application/x-javascript text/c
ss application/xml text/javascript application/x-httpd-php image/jpeg image/gif
image/png;
    gzip_static on;
}
```

上述示例中，为 Nginx 开启了压缩模块，并配置其压缩比例等级为 2。另外，"gzip_static on"表示处理静态文件的模块，此处也一并开启。

配置完成后，重启 Nginx 服务，并再次对各文件进行访问。下面访问文本文件，如图 5.19 所示。

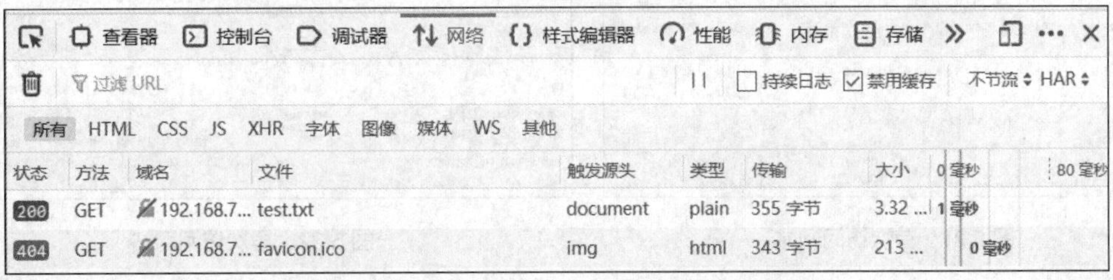

图 5.19　压缩后文本文件传输

从图 5.19 中可以看到，此时的文本文件的大小是 355 字节，相比压缩前体积，压缩后缩小到约原来的 1%。

下面访问图片文件，如图 5.20 所示。

图 5.20　压缩后图片文件传输

从图 5.20 中可以看到，此时的图片文件的大小是 33.77KB，比压缩前体积缩小了 0.6KB。

然后访问压缩包，会发现压缩包的体积没有变化。这是由于压缩包和图片类文件本身已经自带压缩功能，所以压缩比例较小，甚至无法进一步压缩。而文本文件在压缩试验中，对压缩比例的体现最为优越。

此时若是从网站上将文件下载下来，下载之后的文件体积仍会恢复到压缩之前的大小。

5.5　缓存模块

在大型网站架构中，真正解决高并发问题的核心要素是缓存，如消息队列、memcache 等。缓存是指不将数据存储到数据库中，而直接存储到 Web 服务器的内存中，方便服务器随时调用数据。数据库的读取速度较慢，为了提高数据读取速率，Nginx 将部分重要数据缓存到内存中，减小数据库的压力。

在不开启缓存的情况下，无论每次的请求是否相同，每请求一次都会从服务器端重新调用资源。开启缓存之后，在多次请求相同的情况下，客户端不会向服务器端发送新的请求，而直接从本地缓存中调用资源呈现给用户，从而加速用户浏览。

下面通过浏览器访问任意网站，此处以 Firefox 浏览器为例，如图 5.21 所示。

从图 5.21 中可以看到，此次资源加载用了 1 毫秒。

下面将取消选择浏览器中"禁用缓存"，也就是开启缓存，并再次访问该网站，如图 5.22 所示。

图 5.21　首次访问网站

图 5.22　再次访问网站

从图 5.22 中可以看到，再次访问网站时，加载资源所用的时间是 0 毫秒，也就是不需要时间。这是因为这次访问浏览器直接调用了本地的缓存，没有从客户端获取资源。同时，这次访问的状态码是 304，表示服务器端没有给客户端发送任何资源。

在第二次访问时，客户端并不是没有向服务器端发送请求，而是发送了一个校对 Etag 标签的请求。如果 Etag 标签没有过期，就将客户端缓存中的资源最后一次的修改时间发送给服务器端，进行校验；如果过期，就发送一个"If-None-Match"请求，请求修改之后的资源。若客户端与服务器端资源最后修改时间一致，则调用缓存资源；若不一致，则向服务器端重新请求资源，如图 5.23 所示。

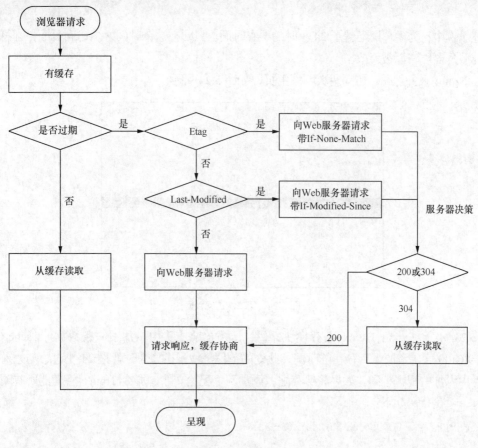

图 5.23　缓存原理

在 HTTP 头部中有一项 expires 值，用于控制缓存存在的时间。expires 可以控制页面缓存，合理配置 expires 可以减少来自客户端的请求，从而减小服务器端的压力。要配置 expires，可以在 http 段、server 段或者 location 段中加入，具体语法如下：

```
Syntax:     expires [modified] time;
            expires  epoch | max | off;
Default:    expires off;
Context:    http, server, location, if in location
```

下面将对语法参数进行讲解：

- epoch 用于指定 expires 为 1 January,1970,00:00:01 GMT；
- max 用于指定 expires 为 10 年；
- –1 用于指定 expires 的值为当前服务器时间–1s，即永远过期；
- off 表示不修改 expires 和 Cache-Control 的值。

下面为 Nginx 配置缓存模块，在页面配置文件中添加相关内容，示例代码如下：

```
[root@nginx ~]# cat /etc/nginx/conf.d/default.conf
server     {
location / {
expires 24h;
}
}
```

上述示例中，为主页面配置了 24 小时的缓存时间。只要在这个时间之内访问页面，都将调用缓存，除非服务器端资源被修改。

重启 Nginx 服务之后，访问两次网站主页，如图 5.24 所示。

图 5.24　第二次访问数据

图 5.24 中，在开启 Nginx 缓存模块之后，服务器响应头中增加了一条数据。Cache-Control: max-age=86400 表示资源缓存存在的时间，此处的单位是秒，换算为时就是 24 小时，与之前在主页配置文件中添加的配置相同。如果将缓存配置添加到主配置文件，那么 Nginx 管理的所有网站都将启用缓存，示例代码如下：

```
root@nginx ~]# cat /etc/nginx/nginx.conf
http {
expires 24h;
}
```

Nginx 缓存模块虽然可以加速访问，但其内容时效性低，甚至在一些情况下无法使用。例如，一些购买火车票的软件，剩余车票的数据必须是实时的。

5.6　防盗链模块

日志格式中的 http_referer 是记录访问点引用的 URL，也就是超链接的上一级地址。通过这段地址，可以发生一种网络行为——盗链，并且非法盗链会影响网站的正常访问。为了防止网站盗链，网站中通常都会有防盗链配置。

在 Nginx 中，使用防盗链模块可以防止盗链行为的发生，其具体语法如下：

```
Syntax:     valid_referers none | blocked | server_names | string ...;
Default:    —
Context: server, location
```

下面将对防盗链模块语法参数进行详细讲解：

- valid_referers none 表示没有人可以引用，意为开启防盗链；
- server_names 表示可以引用的白名单；
- Nginx 默认没有配置防盗链，需要用户手动配置。

下面通过示例演示防盗链的启用方式。

1. 创建 a.com 网站

在配置文件目录下创建主页配置文件，示例代码如下：

```
[root@nginx ~]# mkdir /etc/nginx/conf/fd/
[root@nginx ~]# cd /etc/nginx/conf/fd/
[root@nginx fd]# cat a.conf
server      {
listen    80;
server_name    a.com;
location / {
root    /fd;
index    a.html ;
}
}
```

主页配置文件创建完成之后，开始创建页面文件，示例代码如下：

```
[root@nginx fd]# cd /fd/
[root@nginx fd]# cat a.html
<img scr=qf.jpg>
```

上述代码中引入了图片 **qf.jpg**，之后需要将图片上传至/**fd** 目录下并授予其相应的权限，因为引入图片必须是真实存在的，示例代码如下：

```
[root@nginx fd]# chmod 444 qf.jpg
```

2. 创建 b.com 网站

返回/**etc/nginx/fd/**目录下，将 a.conf 文件中的内容复制到 b.conf，并做出相应的修改，示例代码如下：

```
[root@nginx ~]# cd /etc/nginx/conf/fd/
[root@nginx fd]# cp a.conf b.conf
[root@nginx fd]# cat b.conf
server      {
listen    80;
server_name    b.com;
location / {
root    /fd;
index    b.html ;
}
}
```

b.com 网站的主页配置文件就完成了创建。

下面创建 b.com 网站的页面文件，示例代码如下：

```
[root@nginx fd]# cd /fd/
[root@nginx fd]# cat b.html
```

```
<img src='http://a.com/qf.jpg'/>
```

注意，上述代码中没有直接引用图片 qf.jpg，而引用了图片在 a.com 网站中的 URL，从而进行盗链。

3. 访问网站

在网站创建完成之后，需要进行域名解析才能够访问，如图 5.25 所示。

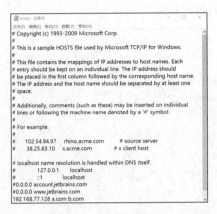

图 5.25　本地域名解析

从图 5.25 中可以看到，用同一个 IP 地址解析了两个域名，只要将主页配置文件中的 server_name 写清楚便不会发生域名冲突。

解析完成之后，分别访问两个网站，如图 5.26、图 5.27 所示。

图 5.26　a.com 访问结果

图 5.27　b.com 访问结果

从图 5.26、图 5.27 中可以看到，a.com 与 b.com 都可以正常访问，说明 b.com 已经成功盗链了 a.com 的图片。

4. 查看日志

访问之后，返回终端查看两个网站访问日志，并进行对比。网站 a.com 访问日志如下：

```
192.168.77.1 - - [15/Nov/2019:18:36:25 +0800] "GET / HTTP/1.1" 200 42 "-" "Mozil
la/5.0 (Windows NT 10.0; Win64; x64; rv:70.0) Gecko/20100101 Firefox/70.0" "-"
```

网站 a.com 的访问日志很正常，没有特殊变化。

下面是网站 b.com 的访问日志，示例代码如下：

```
192.168.77.1 - - [15/Nov/2019:18:36:25 +0800] "GET /qf.jpg HTTP/1.1" 200 45 "htt
p://a.com/" "Mozilla/5.0 (Windows NT 10.0; Win64; x64; rv:70.0) Gecko/20100101 F
irefox/70.0" "-"
```

网站 b.com 的访问日志中比网站 a.com 增加了引用的 URL，这个 URL 正是 a.com 的。用户并没有访问 a.com，而是 b.com 默认访问了 a.com 盗取资源，并在 b.com 网站中呈现给用户，由此发生了盗链。网站 a.com 不仅没有获得用户访问量，还消耗了流量费用，为业务带来了损失。

5. 开启防盗链

下面在主页配置文件中添加防盗链配置，示例代码如下：

```
[root@nginx ~]# cat /etc/nginx/conf.d/fd/a.conf
server    {
location / {
 valid_referers none blocked a.com;
        if ($invalid_referer) {
            return 403;
        }
}
}
```

上述代码中，"blocked" 表示被封锁的，"if ($invalid_referer)" 表示如果有人引用，"return 403" 表示返回 403 状态码。代码大意为，没有人可以引用该网站资源，对本网站进行封锁，如果有人引用就返回 403 状态码。注意，封锁网站通常会写成 "*.a.com"，这是因为通常一个完整 URL 的开头都会包括协议等信息，"*" 用于匹配这些信息。

防盗链配置完成之后，重启 Nginx 服务并访问 b.com，如图 5.28 所示。

图 5.28　配置防盗链之后的访问结果

从图 5.28 中可以看到，b.com 仍会去访问 a.com，但它已经无法获取 a.com 的任何资源。之所以没有返回 403 状态码，是因为网站 b.com 本身是可以正常访问的。

6. 防盗链白名单

防盗链配置完成之后，不仅恶意网站无法获取链接，就连同一企业下的网站都将被拒绝获取链接。防盗链白名单的配置很好地解决了这一问题，即将允许获取链接的网站写入防盗链白名单中，防盗链模块将对白名单中的网站"放行"。

下面将在主页配置文件中配置防盗链白名单，示例代码如下：

```
[root@nginx fd]# cat a.conf
server    {
listen    80;
server_name    a.com;
location / {
root    /fd;
index    a.html ;
 valid_referers none blocked a.com b.com;
```

```
        if ($invalid_referer) {
            return 403;
        }
    }
}
```

上述代码中，将网站 b.com 写入了防盗链白名单中。

重启 Nginx 服务，并访问网站 b.com。如此一来 b.com 又可以向网站 a.com 获取图片链接，并且此次是合法的盗链行为。

5.7 连接状态模块

服务器端与客户端之间的连接分为多种状态，如监听（Listen）状态，示例代码如下：

```
[root@nginx ~]# netstat -anpt | grep nginx
tcp        0      0 0.0.0.0:80              0.0.0.0:*               LISTEN
6798/nginx: master
```

上述示例中，nginx 的主（Master）进程处于监听状态。

访问 Nginx 网站之后，接着查看 Nginx 程序状态，示例代码如下：

```
[root@nginx ~]# netstat -anpt | grep nginx
tcp        0      0 0.0.0.0:80              0.0.0.0:*               LISTEN
6798/nginx: master
tcp        0      0 192.168.77.128:80       192.168.77.1:55357      ESTABLISHED
6799/nginx: worker
```

上述示例中，通过访问 Nginx 网站，系统中增加了一个 Nginx 进程。新增的 Nginx 进程叫作工作（Worker）进程，也就是 Nginx 主进程的子进程，是由主进程复制出来的。通常 Nginx 主进程是不处理请求的，一直处于监听状态，而一旦接收到客户端请求，就根据自身复制出一个子进程，由子进程去处理客户请求。其中，子进程一直处于已建立（Established）状态。

而连接状态模块的作用就是展示客户端与服务器端之间的连接信息，如连接状态、连接信息等。下面查看 Nginx 连接状态模块是否安装，示例代码如下：

```
[root@nginx ~]# nginx -V 2>&1 | grep stub_status
configure arguments: --prefix=/etc/nginx --sbin-path=/usr/sbin/nginx --modules-p
ath=/usr/lib64/nginx/modules
...
--with-http_stub_status_module
...
```

上述示例中，连接状态模块会以特殊字体、颜色显示出来。若是没有安装，可通过源码安装 Nginx 进行自定义模块。

下面对 Nginx 网站的连接状态进行访问，如图 5.29 所示。

图 5.29 中，在 URL 后添加/nginx_status 即可访问 Nginx 连接状态模块，但图中返回

图 5.29　初次访问模块

了 404 状态码。这是因为，Nginx 没有默认配置模块，需要用户手动配置。

下面在主页配置文件中添加连接状态模块配置，示例代码如下：

```
[root@nginx ~]# cat /etc/nginx/conf.d/fd/a.conf
server      {
listen    80;
server_name    a.com;
location /nginx_status {
stub_status;
allow all;
}
location / {
root    /fd;
index    a.html ;
}
}
```

上述示例中，"location /nginx_status" 表示定位 Nginx 连接状态模块，"stub_status" 是模块名称，"allow all" 表示所有人都可以访问。

保存配置之后，重启 Nginx 服务，并再次访问连接状态模块，如图 5.30 所示。

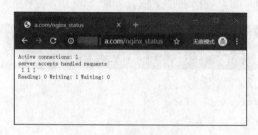

图 5.30　再次访问模块

再次访问模块之后，已经能够看到连接状态的数据。其中，"Active connections" 表示当前活跃连接数，"server accepts handled requests" 表示服务器处理过的请求，下方的数字分别表示 TCP 总连接数、TCP 成功连接数、总处理的请求数。"Reading" 表示 Nginx 读取的请求头部信息数量，"Writing" 表示 Nginx 给客户端返回的响应头部信息，"Waiting" 表示等待处理的请求数量。

下面刷新页面，观察连接参数，如图 5.31 所示。

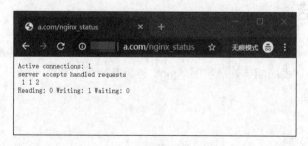

图 5.31　刷新模块访问页面

图 5.31 中，对 Nginx 进行了两次访问，处理了两次请求，但只创建了一次连接。这说明，此时客户端与服务器端保持了长连接，不需要再次创建连接。

下面在 Nginx 主配置文件中，调整长连接配置，示例代码如下：

```
[root@nginx ~]# cat /etc/nginx/nginx.conf
http {
keepalive_timeout  5;
}
```

上述示例中，将长连接保持时间调整为 5 秒。保存配置并重启 Nginx 服务，使配置生效。下面为间隔 5 秒刷新一次连接状态模块的访问页面，如图 5.32 所示。

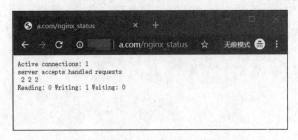

图 5.32　调整长连接刷新模块访问页面

图 5.32 中，客户端对服务器端进行了两次访问，且与服务器端成功建立了两次 TCP 连接。下面在 5 秒内多次刷新页面，观察连接参数，如图 5.33 所示。

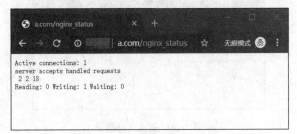

图 5.33　多次刷新模块访问页面

多次不断地刷新页面发现，即使过了长连接时间也不会重新创建 TCP 连接。这是因为，用户每发送一次请求，长连接时间就会刷新一次。所以，只有在长连接时间内，客户端没有向服务器端发送请求的情况下，长连接才会关闭。

5.8　本章小结

本章讲解了 Nginx 随机主页模块、替换模块、文件读取模块等各类 Web 模块的原理以及开启方式。通过本章的学习，读者应能够熟练掌握 Nginx 各类 Web 模块的原理及其启用方式，从而更好地运用 Nginx 的 Web 功能。

5.9　习题

1. 填空题

（1）随机主页是指设计多个 Web 主页，并在用户访问 Web 主页时将这些主页随机呈现给用户，这属于一种_____机制。

（2）文件读取模块具体分为三个模块，分别是_____、_____、_____。

（3）在压缩文件的过程中，压缩软件将定义一个或一些_____，用来替换文件内重复的字符，从而减小文件体积。

（4）缓存是指不将数据存储到数据库中，而直接存储到 Web 服务器的_____中，方便服务器随时调用数据。

（5）通常 Nginx 主进程是不处理请求的，一直处于_____状态，而一旦接收到客户端请求，就根据自身复制出一个子进程，由子进程去处理用户请求。

2. 选择题

（1）浏览器不会显示服务器中的（　　）文件。

　　A. 图片　　　　　　　　B. 隐藏　　　　　　　　C. 文本　　　　　　　　D. 脚本

（2）在 Nginx 文件读取模块中，支持即时发送数据的模块是（　　）。

　　A. sendfile　　　　　　B. tcp_nopush　　　　　C. tcp_nodelay　　　D. Nagle

（3）通过 Nginx 文件压缩模块压缩文件时，压缩比例越大，压缩后文件体积（　　）。

　　A. 越大　　　　　　　　B. 越小　　　　　　　　C. 变大　　　　　　　　D. 变小

（4）Nginx 缓存模块虽然可以加速访问，但其内容（　　）低。

　　A. 时效性　　　　　　　B. 拓展性　　　　　　　C. 真实性　　　　　　　D. 实践性

（5）用户每发送一次请求，长连接时间就会（　　）一次。

　　A. 缩短　　　　　　　　B. 刷新　　　　　　　　C. 延长　　　　　　　　D. 暂停

3. 简述题

（1）简述 Nginx 文件读取模块的工作原理。

（2）简述 Nginx 缓存模块的工作原理。

4. 操作题

开启 Nginx 随机主页模块与防盗链模块，对网站进行访问并查看其连接状态。

06

第 6 章　访问限制与访问控制

本章学习目标

- 了解访问限制与访问控制的概念
- 熟悉访问限制与访问控制的原理
- 掌握访问限制与访问控制的启用方式
- 了解访问限制与访问控制对网站安全的影响

访问限制与
访问控制

　　为了防止对网站的恶意访问，通常企业中都会对网站做访问限制与访问控制，防止来自同一 IP 地址的高频率访问与未知 IP 地址的访问，从而减小网站被恶意访问的风险，同时增加网站的安全性。Nginx 是一款优秀的 Web 服务器软件，它本身自带的访问限制与访问控制模块就可以近乎完美地解决这一问题。本章将对 Nginx 访问限制与访问控制及其相关知识进行详细讲解。

6.1　访问限制

　　访问限制是一种防止恶意访问的常用手段，可以指定同一 IP 地址在固定时间内的访问次数，或者指定同一 IP 地址在固定时间内建立连接的次数，若超过网站指定的次数访问将不成功。如此一来，不仅可增加网站安全，还可减小 Web 服务器的压力。

　　Nginx 的访问限制功能基于它的访问限制模块，在没有安装访问控制模块的情况下，无法启用该功能。

6.1.1　请求频率限制

　　请求频率限制是限制客户端固定时间内发起请求的次数。

　1. 启动请求频率限制

下面通过示例讲解 Nginx 请求频率限制的配置方式。

（1）定义

在开启访问限制之前，需要对限制规则进行定义，示例代码如下：

```
[root@nginx ~]# cat /etc/nginx/nginx.conf
http {
limit_req_zone $binary_remote_addr zone=req_zone:10m rate=1r/s;
}
```

下面对上述示例中的参数进行详解。

- limit_req_zone 表示限制请求规则，其中 zone 也有空间的意思。
- $binary_remote_addr 表示二进制形式的客户端地址。
- req_zone 表示规则名称，为了便于引用，允许用户自定义。
- 10m 表示存储客户端 IP 地址的空间大小。
- rate 表示访问频率的限制范围，1 r/s 表示 1 秒钟一次。

（2）引用

限制规则定义完成之后，在主页配置文件中直接引用即可，示例代码如下：

```
[root@nginx ~]# cat /etc/nginx/conf.d/qianfeng.conf
server    {
listen    80;
server_name    qianfenglinux.com;
location / {
root    /qianfeng;
index    index.html ;
limit_req zone=req_zone;
}
}
```

Nginx 的主配置文件对应它管理的所有网站，主页配置文件只对应它所属的网站。如果将限制规则引用到主配置文件中，Nginx 管理的所有网站都将被改变（很少有人这么做）；如果将限制规则引用到主页配置文件中，那么改变的只是这个主页配置文件所属的网站。

（3）访问

引用配置之后，创建页面文件，并重启 Nginx 服务，最后访问该网站，如图 6.1 所示。

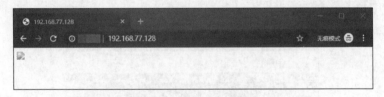

图 6.1　请求限制的访问结果

从图 6.1 中可以看到，请求限制完成配置之后，访问只能请求到页面，页面中的图片却无法请求。这是由于限制规则只允许 1 秒内发起一次请求，在客户端请求页面时已经发送了 1 次请求，请求图片是第二次请求，所以对图片的请求被服务器端阻止。

下面直接访问网站中的图片，如图 6.2 所示。

图 6.2　网站图片的访问结果

图 6.2 中，若要显示网站中的图片，直接访问图片即可。由于只对图片发起了一条请求，所以服务器端没有阻止。

下面快速多次刷新页面，如图 6.3 所示。

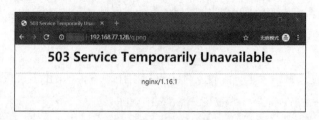

图 6.3　多次快速刷新结果

图 6.3 中，对访问页面进行多次快速刷新，页面将会返回 503 状态码。

（4）优化配置

为了减少 503 状态码的出现，可以在文件中配置请求延迟，示例代码如下：

```
[root@nginx qianfeng]# cat /etc/nginx/conf.d/qianfeng.conf
server    {
limit_req zone=req_zone burst=5;
}
```

上述示例中，burst 表示并发请求数量，即在请求限制规则中所配置的时间内发起的请求数。并发请求数量一旦超过自定义的数量，也会出现 503 状态码。

保存配置并重启 Nginx 服务，对访问页面进行多次快速刷新，观察结果。在刷新的过程中，页面通常会出现"加载中"状态，如图 6.4 所示。

图 6.4　"加载中"状态

图 6.4 中出现"加载中"状态的原因并非网络原因，而是服务器对请求进行了延迟操作。若不停地刷新页面，也会出现 503 状态码，但此时的状态码页面与之前不同。之前的状态码页面过了限制规定中的时间即可显示图片，而此时的状态码在一直页面刷新的状态下将会一直保持，不会加载图片。由于配置中只允许出现 5 个并发请求，若是超过 5 个将会出现 503 状态码页面，在页面一直刷新的状态下，并发请求一直在增加，503 状态码页面便一直都存在。

无论是 503 状态码页面还是延迟加载中的页面，都会给用户带来较差的体验。为了解决这一问题，就需要更改请求限制的配置，示例代码如下：

```
[root@nginx qianfeng]# cat /etc/nginx/conf.d/qianfeng.conf
```

```
server     {
limit_req zone=req_zone burst=5 nodelay;
}
```

上述示例中，在之前配置的基础上添加了 1 个 nodelay 参数，取消请求延迟现象的发生。

接着对访问页面进行多次快速刷新，页面将不会出现"加载中"状态。如果并发请求数在配置数量以内，所有请求都将被立即处理；如果并发请求数超过之前配置的数量，则同样会出现 503 状态码页面。

2. 工具测试

通常网站的压力测试工具的原理是模拟客户端对服务器端访问，来检测服务器端的响应结果，并收集服务器端的各项性能数据，如响应时间、响应次数等。

此处需要用到的压力测试工具是 Apache Bench（AB），AB 是一个用来衡量 HTTP 服务器性能的单线程命令行工具。AB 原本是一款针对 Apache 的压力测试工具，现也可以用于测试其他 Web 服务器软件。

安装 Apache Bench 压力测试工具，示例代码如下：

```
[root@nginx ~]# yum -y install httpd-tools
```

为便于观察测试结果，在访问限制配置中，取消并发请求数与 nodelay 参数。Apache Bench 的使用方式十分简单，安装完成之后即可使用，示例代码如下：

```
[root@nginx ~]# ab -n 100 -c 10 http://192.168.77.128/
```

上述示例中，ab 表示该命令是针对 Apache Bench 的，-n 表示总访问次数，-c 表示分几次访问。此处需要注意，Apache Bench 对命令格式有着严格的要求，例如，URL 必须是标准的书写形式。

执行命令之后，Apache Bench 将通过终端显示对网站访问测试的结果，以及各项访问参数。

首先是服务器端信息，示例代码如下：

```
Server Software:        nginx/1.16.1
Server Hostname:        192.168.77.128
Server Port:            80
```

上述示例中，分别是 Web 服务器端的版本信息、网站域名与端口。

接着是访问内容信息，示例代码如下：

```
Document Path:          /
Document Length:        18 bytes
```

上述示例表示，Apache Bench 访问的路径是/，文件长度是 18 字节。

然后是 Apache Bench 的访问结果信息，示例代码如下：

```
Concurrency Level:      10
Time taken for tests:   0.009 seconds
Complete requests:      100
Failed requests:        99
```

下面对上述参数进行详解。

- Concurrency Level 表示并发数，由于访问总次数是 100 次，分 10 次访问，每次并发数为 10。
- Time taken for tests 表示测试时间，也就是 100 次访问所消耗的时间。

- Complete requests 表示完成的请求总数。
- Failed requests 表示失败的请求总数，此处失败请求总数为 99 次。

由于访问限制配置中只允许 1 秒内处理一次请求，所以在 100 次的请求中，失败了 99 次。另外，还有其他关于测试时间的详细信息，与本次测试无关，此处将不进行赘述。

3. 观察日志

上述的测试给 Web 服务器留下了多条错误日志。下面通过查看错误日志，了解请求限制对服务器造成的影响，示例代码如下：

```
[root@nginx ~]# tail -f /var/log/nginx/error.log
2019/11/20 18:24:41 [error] 56386#56386: *302 limiting requests, excess: 0.993
by zone "req_zone", client: 192.168.77.128, server: qianfenglinux.com, request:
"GET / HTTP/1.0", host: "192.168.77.128"
```

上述示例中，错误日志比平常增加了 limiting requests 等内容，表示造成错误日志的原因是请求限制。

6.1.2　连接频率限制

连接频率限制是指限制客户端固定时间内发起建立连接的次数。

下面通过示例讲解 Nginx 连接频率限制的配置方式。

1. 定义

与请求频率限制相同，连接频率限制也需要进行定义。但连接频率在主配置文件中只定义规则名称与 IP 地址存储空间，示例代码如下：

```
[root@nginx ~]# cat /etc/nginx/nginx.conf
http {
limit_conn_zone $binary_remote_addr zone=conn_zone:10m;
}
```

上述示例中，conn 表示连接，即针对连接的限制。

2. 引用

限制名称与 IP 地址存储空间定义完成之后，在主页配置文件中直接引用即可，示例代码如下：

```
server     {
listen     80;
server_name    qianfenglinux.com;
location / {
root    /qianfeng;
index    index.html;
limit_conn conn_zone 1;
}
}
```

上述示例中，不仅引用了连接频率限制的名称，还定义了同一个用户 IP 地址的最大连接数，此处为一个连接。

由于建立 TCP 连接的耗时极短，所以 Apache Bench 无法测试到较为准确的结果，此处将不赘述测试环节。

6.2　访问控制

访问控制是控制客户端对服务器端的访问，并非仅限制请求次数，而是允许某些请求或者直接拒绝某些请求。访问控制分为两种，一种是基于主机的访问控制，另一种是基于用户的访问控制。

6.2.1　基于主机

1. 原理

基于主机的访问控制是指通过主机的信息，来判断是否接受请求，该功能基于 Nginx 模块——ngx_http_access_module。

通常配置文件中会添加访问白名单或访问黑名单。若服务器收到来自白名单中 IP 地址的请求，则可以成功访问网站。例如，在企业中，每个工作人员的资料都会在企业人员名单中，只有在名单中的人保安才会放行。若服务器收到来自黑名单中 IP 地址的请求，则不允许其访问。例如，大部分人都拥有乘坐高铁的权利，但在失信名单中的人则无法乘坐高铁。失信名单就类似于黑名单。

白名单与黑名单在配置文件中通常由 allow 与 deny 来表示，将指定的 IP 地址写在参数后即可，ngx_http_access_module 的语法如下：

```
Syntax: allow address | CIDR | unix: | all;
Context: http, server, location, limit_except
```

2. 配置

如果示例使用的是虚拟机，则需要开启桥接模式，如图 6.5 所示。

图 6.5　开启桥接模式

在主页配置文件中添加基于主机的访问控制，示例代码如下：

```
[root@nginx ~]# cat /etc/nginx/conf.d/qianfeng.conf
server      {
listen     80;
```

```
server_name    qianfenglinux.com;
allow 10.0.45.228;
deny all;
location / {
root    /qianfeng;
index    index.html ;
}
}
```

上述示例中，允许了本机的 IP 地址的访问，否认了其他所有 IP 地址的访问。

下面通过本机浏览器访问网站，如图 6.6 所示。

图 6.6　本机访问

从图 6.6 中可以看到，本机可以成功访问网站。若无法成功访问网站，可能是代理器的问题，将 allow 参数的 IP 地址更改为代理器 IP 地址即可。

换一台不同 IP 地址的计算机进行访问，若出现 403 状态码页面，则说明基于主机的访问控制已经生效；若仍可以正常访问，则说明两台访问网站的计算机使用了同一代理器。

3. 更改配置

下面对刚刚的访问控制配置进行更改，示例代码如下：

```
[root@nginx ~]# cat /etc/nginx/conf.d/qianfeng.conf
server      {
listen    80;
server_name    qianfenglinux.com;
deny all;
allow 10.0.45.228;
location / {
root    /qianfeng;
index    index.html ;
}
}
```

上述示例中，将两条配置调换了顺序，如此一来，无论是谁都无法访问到网站。因为系统对文件的读取是有顺序的，所以优先读取的信息将被优先执行。由于这两条配置具有矛盾性，所以此时 allow 无法被执行。

下面再次更改配置，示例代码如下：

```
[root@nginx ~]# cat /etc/nginx/conf.d/qianfeng.conf
server      {
listen    80;
server_name    qianfenglinux.com;
deny 10.0.45.228;
allow all;
location / {
```

```
root    /qianfeng;
index       index.html;
}
}
```

上述示例中，将本地 IP 地址配置为否认 IP 地址，将其他所有 IP 地址配置为允许 IP 地址。再次访问时，本机将无法访问，而其他计算机可以正常访问。

allow 与 deny 并没有明确规定在文件中写入的顺序，由用户自定义写入。通常包含 IP 地址较少的 allow 和 deny 将会被写到前面。被写到后面的参数只需添加一个 all 即可，而被写到前面的参数需要写入详细的 IP 地址。

4. 更换配置文件

下面创建两个网站，示例代码如下：

```
[root@nginx qianfeng]# cat /etc/nginx/conf.d/qianfeng.conf
server    {
listen    80;
server_name    qianfeng.com;
location / {
root    /qianfeng;
index       index.html ;
}
}
server     {
listen    80;
server_name    kouding.com;
location / {
root    /qianfeng;
index       index2.html ;
}
}
```

保存配置并重启 Nginx 服务。页面文件创建完成后，保证两个网站都可以正常访问。

下面在 Nginx 主配置文件中添加基于主机的访问控制配置，示例代码如下：

```
[root@nginx qianfeng]# cat /etc/nginx/nginx.conf
http {
allow 10.0.45.228;
deny all;
}
```

上述示例中，在 Nginx 主配置文件中的 http 模块下添加了基于主机的访问控制配置，表示允许本机 IP 地址访问网站，不允许其他 IP 地址访问网站。

下面通过本机访问网站，如图 6.7、图 6.8 所示。

图 6.7　网站 1

图 6.8　网站 2

101

通过本机访问，可以正常访问两个网站。下面再通过其他计算机访问这两个网站，并观察访问结果。

通常本地计算机之外的计算机是无法访问这两个网站的。虽然两个网站的主页面配置文件中没有配置访问控制，但 Nginx 主配置文件中添加了访问控制，即表示 Nginx 管理的所有网站都配置了访问控制。

在网站被未知 IP 地址恶意访问的情况下，直接在主配置文件中添加访问控制即可控制所有恶意访问。

6.2.2　基于用户

1. 原理

基于用户的访问控制是指通过用户的信息，来判断是否接受请求，该功能基于 Nginx 模块——ngx_http_auth_basic_module。

当用户访问一些动态网站时，通常需要注册或者登录。注册是用户将自己的用户名、密码等信息上传至数据库，至此用户便得到了网站的认可。登录是用户将用户名与密码上传至服务器端，服务器端在数据库中查询相同的用户名与密码。若数据库找到了相同的用户名与密码，就接受该用户的访问请求；若无法找到相同的用户名与密码，就不会接受该用户的访问请求。

ngx_http_auth_basic_module 的具体语法如下：

```
Syntax: auth_basic_user_file file;
Context: http, server, location, limit_except
```

2. 创建认证文件

下面通过示例演示基于用户访问控制的启用方式。

首先需要安装 httpd-tools 工具包，用于生成密码。httpd-tools 工具包安装完成之后，通过命令生成用户密码，示例代码如下：

```
[root@nginx ~]# htpasswd -cm /etc/nginx/conf.d/passwd qianfeng1
New password:
Re-type new password:
Adding password for user qianfeng1
[root@nginx ~]# htpasswd -m /etc/nginx/conf.d/passwd qianfeng2
New password:
Re-type new password:
Adding password for user qianfeng2
```

上述示例中，通过 httpd-tools 工具包中的 htpasswd 命令创建了两个用户，并对每个用户创建了对应的密码。其中，htpasswd 是 httpd-tools 工具包中的一个命令工具，专门用来生成密码。-cm 其实是-c 与-m 两个参数的结合。-c 是创建的意思，此处表示创建存放密码信息的文件；-m 是加密的意思，此处表示加密文件。/etc/nginx/conf.d/passwd 表示密码文件的路径，qianfeng1 表示用户名。

执行命令之后，系统以会话的形式向用户获取密码。当再次创建密码时，命令行中便不需要再添加-c 参数，因为密码文件已经存在。

下面查看刚刚创建完成的密码文件，示例代码如下：

```
[root@nginx ~]# cat /etc/nginx/conf.d/passwd
```

```
qianfeng1:$apr1$ptdI5muf$MxkMZC/gaznp453S1by.h1
qianfeng2:$apr1$fkIz.hDr$wrMElAKkL1c/ysoI.eUkI1
```

从上述示例中可以看到，密码文件中的内容分为用户名与加密之后的密码。

3. 启动认证

任何文件要在 Web 服务中得到体现，就必须通过配置文件进行调用。

下面将在主页配置文件中启动用户认证，并调用密码文件中的信息，示例代码如下：

```
[root@nginx ~]# cat /etc/nginx/conf.d/qianfeng.conf
server    {
listen     80;
server_name    qianfeng.com;
auth_basic "Welcome to qianfeng";
auth_basic_user_file /etc/nginx/conf.d/passwd;
location / {
root    /qianfeng;
index    index.html;
}
}
```

上述示例中，在 Nginx 主页配置文件配置了基于用户的访问控制。其中，auth_basic 表示要呈现给用户的提示语；auth_basic_user_file 用于指定密码文件的所在路径，从而使 Nginx 调用密码文件。

保存好配置之后，重启 Nginx 服务，并对网站进行访问，如图 6.9 所示。

图 6.9　网站登录界面

图 6.9 所示是一个网站登录界面，按照配置文件中的内容一一呈现给了用户。若用户不能提供正确的用户名与密码，则无法访问该网站。只要填写之前密码文件中的账户与密码即可成功访问该网站，如图 6.10 所示。

图 6.10　网站主页面

成功访问网站之后，在终端查看访问日志，示例代码如下：

```
[root@nginx ~]# cat /var/log/nginx/access.log
10.0.45.228 - qianfeng1 [22/Nov/2019:02:21:17 +0800] "GET /jy.png HTTP/1.1" 304
0 "http://qianfeng.com/" "Mozilla/5.0 (Windows NT 10.0; Win64; x64; rv:70.0) Gec
ko/20100101 Firefox/70.0" "-"
```

此时访问日志中用户并非占位符，而是 qianfeng1。这说明 Nginx 在 Web 页面中已经调用了用户的信息。

6.3　本章小结

本章讲解了通过 Nginx 对用户进行网站访问的限制与控制，以及开启访问限制与访问控制的方式。在企业中，访问限制与访问控制应该应用到适合的 Web 服务中，既可以减小服务器端的压力，也可以增强网站的安全性。通过本章的学习，读者可以熟练掌握应用访问限制与访问控制的开启方式与应用场景。

6.4　习题

1．填空题

（1）访问限制是一种防止_____的常用手段。

（2）_____限制是限制客户端固定时间内发起请求的次数。

（3）_____限制是限制客户端固定时间内发起建立连接的次数。

（4）基于_____的访问控制是指通过主机的信息，来判断是否接受请求。

（5）基于_____的访问控制是指通过用户的信息，来判断是否接受请求。

2．选择题

（1）请求频率限制中，burst 表示（　　）请求数量。

    A．三次　　　　　　　B．总共　　　　　　　C．两次　　　　　　　D．并发

（2）下列选项中，属于连接频率限制在主配置文件内容的是（　　）。

    A．限制规则　　　　　B．规则名称　　　　　C．最大请求数　　　　D．最大连接数

（3）在基于主机的访问控制配置中，表示不允许访问的参数是（　　）。

    A．deny　　　　　　　B．allow　　　　　　　C．nodelay　　　　　　D．burst

（4）在只需要对一个 IP 地址进行访问控制的情况下，配置文件中需要将（　　）写到前一行。

    A．allow　　　　　　　B．docker swarm　　　C．burst　　　　　　　D．nodelay

（5）任何文件要在 Web 功能中得到体现，就必须通过（　　）进行调用。

    A．日志文件　　　　　B．页面文件　　　　　C．配置文件　　　　　D．密码文件

3．简述题

（1）简述访问限制与访问控制的区别。

（2）简述定义请求频率限制规则时各参数的含义。

4．操作题

创建一个网站，为该网站做访问限制与访问控制，并通过不同 IP 地址访问。

07 第 7 章 反向代理

本章学习目标

反向代理

- 了解反向代理与正向代理的原理
- 熟悉 Nginx 反向代理的配置
- 掌握 Nginx 代理缓存的原理与配置

客户端的请求在到达服务器端的过程中，通常需要经过多个网络节点。在经过代理节点之后，服务器端所收到的客户端 IP 地址就会发生改变。而服务器端明明拥有多台服务器，却只向客户端提供一个域名。上述事件的发生都是由于代理服务的存在，本章将详细讲解 Nginx 反向代理及其相关知识。

7.1 代理原理

代理器（Proxy）是外网与内网之间的桥梁，可以代理客户端访问服务器端，也可以代理服务器端响应客户端。其中，代理器分为正向代理与反向代理。正向代理是处于客户端与服务器端之间的代理节点，客户端将请求发送给正向代理，正向代理再向服务器端进行请求，最终正向代理将响应返回给客户端，常见的正向代理有路由器、防火墙等。通常正向代理不允许客户端直接访问外网，正向代理的作用是代理内网客户端访问外网，并使外网服务器端对客户端不可见，如图 7.1 所示。

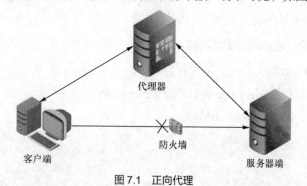

图 7.1　正向代理

正向代理可以隐藏客户端信息，使服务器端无法判断是否为恶意访问，给网站带来了极大的安全隐患。因此，服务器端同样会使用代理器，防止恶意的客户端对 Web 服务器的直接访问，而网站使用的代理器叫作反向代理。

反向代理同样是处于客户端与服务器端之间的代理节点。与正向代理不同的是，反向代理是服务于服务器端的代理节点。客户端的请求不会直接发送给服务器端，而是先由反向代理服务器接收，再由反向代理服务器发送给服务器端，如图 7.2 所示。

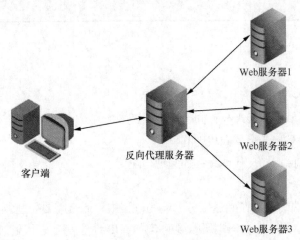

图 7.2   反向代理

从图 7.2 中可以看到，服务器端通过反向代理服务器只给用户提供一个域名，用户通过访问一个域名即可从多台服务器中获取资源。对于客户端，反向代理服务器就是服务器端，通过访问反向代理服务器即可获取资源。通常为了分担服务器压力，企业中的 Web 服务器不止一台，但如果每一台服务器都做域名解析将会造成不必要的资源浪费。现在只需要给反向代理服务器做域名解析，让用户都去访问反向代理服务器，再由反向代理服务器给服务器端内网中的 Web 服务器分发流量，使客户端感知不到 Web 服务器。

当客户端与服务器端都有各自的代理器时，双方就通过各自的代理器进行交互。例如，在网购时，卖家不会自己送快递，需要将快递给快递员，快递员就充当了卖家的代理。当买家所在的小区有门禁时，快递员就将快递放在门卫处，买家再去门卫处取快递，而门卫就充当了买家的代理。

下面将通过域名解析工具查看域名的 IP 地址，观察服务器端域名所绑定的 IP 地址。

首先，下载一个 Linux 工具包，示例代码如下：

```
[root@nginx ~]# yum -y install bind-utils
```

bind-utils 工具包中的 nslookup 工具是一款古老的 Linux 工具包，可以用于查看域名。nslookup 工具名称的官方解释是"query Internet name servers interactively"，大意为"交互式地查询服务器域名"。

安装完成之后开始查询域名 IP 地址，示例代码如下：

```
[root@nginx ~]# nslookup
> www.baidu.com
Server:         114.114.114.114
Address:        114.114.114.114#53

Non-authoritative answer:
www.baidu.com   canonical name = www.a.shifen.com.
Name:   www.a.shifen.com
Address: 182.61.200.6
Name:   www.a.shifen.com
```

```
Address: 182.61.200.7
```

上述示例中显示，一个网站域名只绑定了两个 IP 地址，而这两个 IP 地址都是反向代理服务器的 IP 地址。一个网站不止有两个反向代理服务器，而每个反向代理服务器又与多个 Web 服务器相关联。当其中一台服务器宕机时，并不会给整个网站造成太大的影响。

下面访问两个反向代理服务器 IP 地址，如图 7.3 所示。

图 7.3　反向代理服务器 IP 地址

图 7.3 中，通过两个反向代理服务器 IP 地址都可以成功访问网站，说明网站中的每个反向代理服务器都指向同一个网站。

7.2　代理配置

7.2.1　代理语法

Nginx 的反向代理功能基于它的代理模块（ngx_http_proxy_module）实现。

1. 代理配置

Nginx 反向代理具体配置语法如下：

```
Syntax:     proxy_pass URL;
Default:    —
Context:    location, if in location, limit_except
```

2. 真实 IP 地址配置

通常在访问日志中，不会直接显示客户端的真实 IP 地址，而是显示代理器的 IP 地址。为了能够获取真实有效的客户端 IP 地址，需要对反向代理服务器进行相关配置，具体语法如下：

```
Syntax:     proxy_set_header field value;
Default:    proxy_set_header Host $proxy_host;
```

```
proxy_set_header Connection close;
Context:   http, server, location
```

Nginx 默认关闭反向代理模块，需要用户手动进行配置。

3. 缓冲区配置

反向代理服务器将 Web 服务器返回的资源转发给客户端，需要将资源接收完成之后再进行转发。当给反向代理服务器配置一个缓冲区（Buffering）之后，反向代理服务器可以将接收到的资源先存储到缓冲区，即一边接收来自 Web 服务器的资源，一边向客户端发送接收到的资源，从而加快资源传输速率。缓冲区配置具体语法如下：

```
Syntax: proxy_buffering on | off;
Default: proxy_buffering on;
Context: http, server, location
```

为了避免内存资源浪费，在开启缓冲区的情况下，通常会配置缓冲区的大小，具体配置语法如下：

```
Syntax: proxy_buffer_size size;
Default: proxy_buffer_size 4k|8k;
Context: http, server, location
```

虽然缓冲区大小通常为 4KB 或者 8KB，但反向代理服务器可以同时拥有多个缓冲区。缓冲区数量具体配置语法如下：

```
Syntax: proxy_buffers number size;
Default: proxy_buffers 8 4k|8k;
Context: http, server, location
```

所有的缓冲区参数都将作用于每个请求，每个请求都会拥有自己的缓冲区。开启缓冲区只是开启反向代理服务器对资源的缓冲功能。无论是否开启缓冲功能，缓冲区都是存在的。在不开启缓冲功能时，缓冲区只用于存储请求头部信息。

4. 超时配置

当用户停止对客户端进行操作，而服务器端仍与客户端保持连接状态时，就造成了资源浪费。为了防止这一现象的发生，需要对反向代理服务器进行超时配置，当客户端在固定时间内没有响应时，反向代理服务器将断开与客户端的连接。超时配置具体配置语法如下：

```
Syntax: proxy_connect_timeout time;
Default: proxy_connect_timeout 60s;
Context: http, server, location
```

7.2.2　配置示例

1. 启动网站

准备两台 Nginx 服务器，并关闭防火墙与 SELinux。如果使用的是虚拟机，则需要开启桥接模式。配置反向代理示例服务器信息，如表 7.1 所示。

表 7.1　　　　　　　　　　　配置反向代理示例服务器信息

主机名	IP 地址	部署服务
proxy	192.168.0.108	Nginx 反向代理
Web	192.168.0.109	Nginx Web 服务

接着在第一台服务器中创建一个网站，示例代码如下：

```
[root@web web]# cat /etc/nginx/nginx.conf
http {
include /etc/nginx/conf.d/web.conf;
}
[root@web web]# cat /etc/nginx/conf.d/web.conf
server    {
listen    80;
server_name    192.168.0.109;
location / {
root    /web;
index    web1.html ;
}
}
[root@web web]# cat /web/web1.html
<img src='web.jpg' width=1100 height=600>
[root@web web]# systemctl restart nginx
```

上述示例中，通过 Nginx 创建了一个 Web 网站，但并不直接访问该网站。

2. 启动代理

反向代理的配置可以写在主页配置文件中，也可以写在主配置文件中。此处以主页配置文件为例，示例代码如下：

```
[root@proxy ~]# cat /etc/nginx/conf.d/default.conf
server {
location / {
proxy_pass http://192.168.0.109:80;

proxy_set_header Host $http_host;
proxy_set_header X-Real-IP $remote_addr;
proxy_set_header X-Forwarded-For $proxy_add_x_forwarded_for;

proxy_connect_timeout 30;
proxy_send_timeout 60;
proxy_read_timeout 60;

proxy_buffering on;
proxy_buffer_size 32k;
proxy_buffers 4 128k;
proxy_busy_buffers_size 256k;
proxy_max_temp_file_size 256k;
    }
}
```

下面对上述配置参数进行详细讲解：

- proxy_pass 表示真实服务器的 IP 地址，也就是 Web 服务器的 IP 地址；
- proxy_set_header Host $http_host 表示重新定义转发给 Web 服务器的请求头部，即在请求头部添加客户端的真实 IP 地址；
- proxy_set_header X-Real-IP $remote_addr 表示记录客户端的真实 IP 地址；
- proxy_set_header X-Forwarded-For $proxy_add_x_forwarded_for 表示记录服务器端反向代理服

务器的 IP 地址；

- proxy_connect_timeout 表示反向代理服务器对 Web 服务器发起 TCP 三次握手的连接超时时间；
- proxy_send_timeout 表示 Web 服务器给反向代理服务器返回资源过程中的超时时间；
- proxy_read_timeout 表示 TCP 长连接的超时时间；
- proxy_buffering 表示开启缓冲功能；
- proxy_buffer_size 表示存放响应头部的缓冲区；
- proxy_buffers 表示内容缓冲区大小；
- proxy_busy_buffers_size 表示用于向客户端发送资源的缓冲区，反向代理服务器会划分出一部分用于发送资源的缓冲区；
- proxy_max_temp_file_size 表示用于存储请求头部文件的缓冲区，反向代理服务器会将超大的请求头部在缓冲区内存储成文件。

其中，proxy_set_header 都是关于修改请求头部的配置。而示例中的配置表示，反向代理服务器将自身 IP 地址与客户端的真实 IP 地址一同添加到请求头部，再转发给 Web 服务器。

注意，Nginx 反向代理服务器配置完成之后，Nginx 将不再提供 Web 功能。

3. 访问代理

保存配置之后，重启 Nginx 服务并访问反向代理服务器，如图 7.4 所示。

图 7.4　反向代理服务器访问结果

图 7.4 中，通过访问反向代理服务器访问到了 Web 网站，说明反向代理配置已经生效。

4. 查看日志

在 Web 服务器的终端查看访问日志，示例代码如下：

```
[root@web ~]# cat /var/log/nginx/access.log
10.0.45.202 - - [26/Nov/2019:18:28:36 +0800] "GET / HTTP/1.0" 200 43 "-" "Mozill
a/5.0 (Windows NT 10.0; Win64; x64) AppleWebKit/537.36 (KHTML, like Gecko) Chrom
e/78.0.3904.87 Safari/537.36" "10.0.45.249"
```

上述示例中，IP 地址 10.0.45.202 在访问日志中表示客户端的 IP 地址。在访问日志的结尾比平常多一个 IP 地址，这就是客户端的真实 IP 地址，说明 IP 地址 10.0.45.202 是代理器的 IP 地址。之所以客户端的真实 IP 地址在访问日志中出现，是因为之前对请求头部信息的修改配置生效，Nginx 将代理 IP 地址与客户端的真实 IP 地址都写到了请求头部中。Web 服务器收到带有客户端的真实 IP 地址的请求信息，就将客户端的真实 IP 地址与代理 IP 地址一同写入访问日志。

7.3　代理缓存

在服务器架构中，反向代理服务器除了能够起到反向代理的作用之外，还可以缓存一些资源。代理缓存是 Nginx 反向代理常用的功能，为加速客户端访问，多数情况下建议开启。Nginx 反向代理服务器的缓存功能同样是基于 Nginx 的 ngx_http_proxy_module 模块，这是由于 Nginx 反向代理功能本身就包含了缓存功能。

7.3.1　配置缓存

接下来，仍然延续 7.2 节中的示例，演示配置代理缓存的方式。

1. 定义

首先，需要在配置文件中定义反向代理缓存区的大小，示例代码如下：

```
[root@proxy ~]# cat /etc/nginx/nginx.conf
http {
proxy_cache_path /app/qianfeng.me/cache levels=1:2 keys_zone=proxy_cache:10m max
_size=10g inactive=60m use_temp_path=off;
}
```

下面对上述示例中的参数进行详细解释。

（1）proxy_cache_path

proxy_cache_path 表示代理缓存区域。

（2）/app/qianfeng.me/cache

/app/qianfeng.me/cache 表示缓存区的路径，即用于缓存的本地目录。

（3）levels

levels 是等级的意思，此处表示目录的层级。levels 在/app/tianyun.me/cache/配置了一个两级层次结构的目录。将大量的文件放置在单个目录中会导致文件访问缓慢，大多数情况下建议使用两级目录层次结构。若没有配置 levels 参数，则 Nginx 会将所有的文件放到同一个目录中。

（4）keys_zone

keys_zone 表示一个共享区域，用于缓存键值（Key）。其中，键值是资源的标签，不同资源对应不同的键值，每个键值都具有唯一性。

服务器通过键值查询客户端请求的资源。若查询不到对应资源，就向 Web 服务器进行请求，将请求到的资源通过散列算法生成键值并存储到 keys_zone。将键值存储到 keys_zone 可以使 Nginx 在不查询磁盘的情况下，快速判断一个请求的资源是否在缓存中，大大提高了查询速度。一个 1 MB 大小的内存空间可以存储大约 8 000 个键值，那么上面配置的 10 MB 内存空间可以存储大约 80 000 个键值。

proxy_cache 表示 keys_zone 的名称，为方便调用，允许用户进行自定义。10m 表示 keys_zone 的空间大小。

（5）max_size

max_size 表示缓存资源大小的上限，允许用户进行自定义。如果不指定具体值，则表示允许缓存资源量不断增长，可占用所有可用的磁盘空间。配置具体值之后，当缓存达到上限时，处理器便调用 cache manager 来移除最近最少被使用的文件，将缓存资源所占用的空间降低至小于上限值的范围内。

（6）inactive

inactive 是不活跃的意思，此处表示缓存存在的时间。如果一项资源在 60 分钟之内没有被客户端请求，无论该资源是否过期，缓存管理都会将其在缓存空间中删除。若 inactive 没有配置具体值，则该参数默认值为 10 分钟。Nginx 不会自动删除由缓存控制头部指定的过期资源。过期资源只有在 inactive 指定时间内没有被访问的情况下才会被 Nginx 删除。如果过期资源被访问了，那么 Nginx 将从原服务器上重新获取更新之后的资源，并更新对应的 inactive 值。

（7）use_temp_path

use_temp_path 表示用户缓存路径。当资源被写入缓存空间之前，需要将资源先写入用户缓存路径，再复制到缓存空间，如此就增加了复制次数，浪费了服务器资源，通常建议关闭。

2. 调用

上述示例中，只定义了代理缓存的规则，并没有进行调用。

下面在配置文件中开始调用缓存，示例代码如下：

```
[root@proxy ~]# cat /etc/nginx/conf.d/default.conf
server {
location / {
proxy_cache proxy_cache;
proxy_cache_valid 200 304 12h;
proxy_cache_valid any 10m;
proxy_cache_key $host$uri$is_args$args;
add_header  Nginx-Cache "$upstream_cache_status";
proxy_next_upstream error timeout invalid_header http_500 http_502 http_503 http
_504;
}
}
```

下面对上述示例中的参数进行详细解释。

（1）proxy_cache proxy_cache

proxy_cache proxy_cach 表示调用名称为 "proxy_cache" 的缓存规则。

（2）proxy_cache_valid 200 304 12h

proxy_cache_valid 200 304 12h 表示用户访问的状态码为 200 或 304 时，缓存对应的资源，缓存时间为 12 小时。

（3）proxy_cache_valid any 10m

proxy_cache_valid any 10m 表示用户访问的状态码不是 200，也不是 304 时，将对应资源进行缓存，缓存时间为 10 分钟。

（4）proxy_cache_key $host$uriis_argsargs

proxy_cache_key $host$uriis_argsargs 表示根据客户端请求资源的地址、路径、参数、参数值，

通过散列算法生成键值。

（5）add_header Nginx-Cache "$upstream_cache_status"

add_header Nginx-Cache "$upstream_cache_status"表示 Nginx 在请求头部中添加 Web 服务器的缓存状态信息。

（6）proxy_next_upstream error timeout invalid_header http_500 http_502 http_503 http_504

表示如果出现状态码为 500、502、503 或 504 的访问结果，就换下一个 Web 服务器进行访问。这本身是一个健康状态的检测手段，使客户端在网站其中一台 Web 服务器宕机时，仍可以成功访问网站。

当反向代理服务器将请求发送给一个处于宕机状态的服务器时，服务器会返回不可用的信息。此时。反向代理服务器不会直接给客户端返回结果，而是再将请求转发给其他 Web 服务器。

配置缓存调用完成之后，创建缓存路径，并重启 Nginx 服务，示例代码如下：

```
[root@proxy ~]# mkdir -p /app/qianfeng.me/cache
[root@proxy ~]# systemctl restart nginx
```

注意，此处所创建的缓存路径需要与之前定义的路径一致。

7.3.2　访问缓存

下面打开浏览器开发者选项，并对反向代理服务器进行两次访问，观察访问结果，如图 7.5、图 7.6 所示。

图 7.5　第一次访问结果　　　　　　　　　　　图 7.6　第二次访问结果

图 7.5、图 7.6 中，响应头部 Nginx-Cache 参数表示 Nginx 服务器的缓存信息。MISS 表示未命中，即客户端访问的资源没有在缓存中。HIT 表示命中，即客户端访问的资源已经在缓存中。通常，新创建的网页文件首次访问结果都是未命中。

反向代理缓存的返回值共有 7 项，如表 7.2 所示。

表 7.2　　　　　　　　　　　　　　　　代理缓存返回值

返回值	说明
HIT	命中缓存
MISS	未命中缓存
EXPIRED	缓存过期，请求由 Web 服务器处理

续表

返回值	说明
UPDATING	缓存更新中，将使用旧的缓存
STALE	无法更新缓存，使用了旧的缓存
BYPASS	无论有无缓存，都向 Web 服务器请求资源
REVALIDATED	启用 proxy_cache_revalidate 命令后，当缓存内容过期时，Nginx 通过一次 if-modified-since 的请求头部去验证缓存内容是否过期，此时会返回该状态

注意，只有当网站被成功访问时，响应头部才会显示代理缓存的返回值。

7.3.3 代理缓存原理

1. 未开启代理缓存时

客户端访问网站时，未启动代理缓存的反向代理服务器只负责流量分发，如图 7.7 所示。

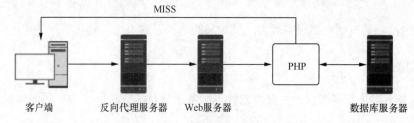

图 7.7　未启用代理缓存

图 7.7 中，反向代理服务器将接收到的请求头部信息进行散列运算，将散列运算之后的键值与缓存中的键值进行匹配，检查是否命中。匹配结果未命中，将直接转发给 Web 服务器，由 Web 服务器调用资源。通常在不开启代理缓存的情况下，都将是未命中的结果。

2. 开启代理缓存后的首次访问

开启代理缓存之后的第一次访问中，通常也将是未命中的结果，如图 7.8 所示。

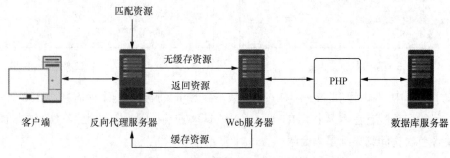

图 7.8　启用代理缓存后的第一次访问

图 7.8 中，反向代理服务器收到请求之后，进行键值匹配。匹配失败，将请求转发给 Web 服务器进行处理。Web 服务器将资源返回给反向代理服务器，随后反向代理服务器将资源进行缓存，并保存根据资源信息散列运算出来的键值，最后将资源返回给客户端。

3. 开启代理缓存后的第二次访问

当客户端再次请求相同资源时，反向代理服务器就可以匹配到对应的键值，如图 7.9 所示。

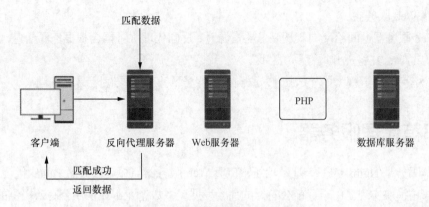

图 7.9　启用代理缓存后的第二次访问

图 7.9 中，反向代理服务器根据收到的请求，匹配到了对应的键值。根据匹配到的键值，直接从代理缓存中调用资源，返回给客户端，无须 Web 服务器处理请求。

反向代理缓存流程如图 7.10 所示。

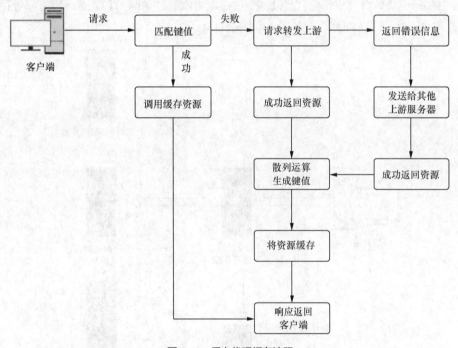

图 7.10　反向代理缓存流程

下面对图 7.10 做详细讲解。

- 当反向代理服务器收到请求时，并不会直接向 Web 服务器请求资源，而是先从缓存区查询相关资源。
- 在缓存区查询资源时，并不是对每一项资源进行匹配，而是匹配各项资源的键值。
- 键值匹配成功时，再根据匹配到的键值调用缓存区的资源。
- 若没有匹配到键值，反向代理服务器就将请求发送给 Web 服务器，由 Web 服务器处理请求。
- 若 Web 服务器发生了错误，将错误结果返回给反向代理服务器，反向代理服务器就将请求继续发送给其他 Web 服务器。

- 当 Web 服务器返回给反向代理服务器资源时，反向代理服务器会根据资源信息，通过散列算法生成对应的键值，并将资源缓存到缓存区。
- 当下次客户端再次请求该资源时，反向代理服务器直接从缓存区调用资源。

7.4　邮箱代理服务器

邮箱代理服务是 Nginx 的一个基本功能，负责 Web 服务器与邮箱服务器之间的代理，该功能基于 Nginx 的邮箱模块实现。由于目前公有云的蓬勃发展，多数企业都在使用公有云提供的企业邮箱，如阿里邮箱、腾讯邮箱、网易邮箱等。所以 Nginx 的邮箱代理服务在企业中使用的并不多，本节只针对 Nginx 邮箱代理服务的原理等相关知识进行介绍，并不做重点讲解。

7.4.1　邮箱代理原理

Nginx 的邮箱模块负责完成邮箱代理功能，客户端可以通过访问 HTTP 认证服务器进行认证，只有通过认证才允许客户端访问邮箱服务器，如图 7.11 所示。

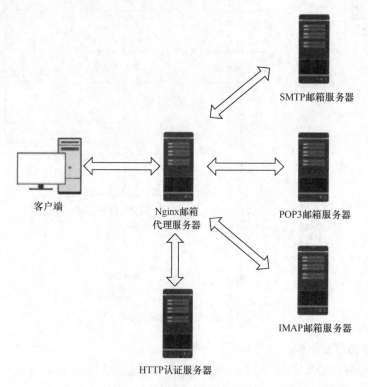

图 7.11　Nginx 邮箱代理原理

Nginx 作为邮箱代理服务器，在负责客户端与邮箱服务器之间传输时，必须遵循相应的邮件协议。下面介绍三种常见的邮件协议。

1. SMTP

SMTP（Simple Mail Transfer Protocol），即简单邮件传输协议，是一种可靠、有效的邮件传输协议。SMTP 不仅可以实现同一网络中的邮件传输，还可以实现不同网络中的邮件传输。

2. POP3

POP3（Post Office Protocol - Version 3），即邮局协议版本 3，是邮局协议的第 3 个版本。POP3 邮箱服务器的客户端需要下载邮件，才可以对邮件进行操作，所以 POP3 支持离线处理邮件。

3. IMAP

IMAP（Internet Mail Access Protocol），即邮件访问协议，常用的版本是 IMAP4。它既可以通过客户端对邮箱服务器中的邮件进行操作，也可以将邮箱服务器中的邮件下载到本地。

7.4.2 邮箱代理配置

通常所说的 Nginx 邮箱模块指的不是单个模块，而是多个服务于邮箱代理功能的模块，如表 7.3 所示。

表 7.3 　　　　　　　　　　　　　　　邮箱代理相关模块

模块	说明
ngx_mail_core_module	Nginx 邮件代理服务的核心模块，是 Nginx 能够处理各种邮件协议
ngx_mail_auth_http_module	使 Nginx 对邮件服务进行认证
ngx_mail_proxy_module	使 Nginx 可以对邮件进行代理
ngx_mail_smtp_module	用于配置 SMTP 内容
ngx_mail_pop3_module	用于配置 POP3 内容
ngx_mail_imap_module	用于配置 IMAP 内容
ngx_mail_ssl_module	使各种邮件协议可以对邮件进行加密

在配置邮箱代理服务器之前，必须确保 Nginx 中已经安装邮箱模块，示例代码如下：

```
[root@nginx web]# nginx -V 2>&1 | grep mail
configure arguments: --prefix=/etc/nginx --sbin-path=/usr/sbin/nginx --modules-p
ath=/usr/lib64/nginx/modules --conf-path=/etc/nginx/nginx.conf
...
--with-mail --with-mail_ssl_module
...
```

如果没有安装邮箱模块，需要重新通过源码包安装。在编译过程中添加邮箱模块选项，示例代码如下：

```
[root@nginx ~]# ./configure\
> --prefix=/usr/local/nginx\
> --with-http_ssl_module\
> --with-mail\
> --with-mail_ssl_module
```

上 述 示 例 中 ， --with-mail\ 表 示 安 装 ngx_mail_core_module 、 ngx_mail_auth_http_module 、 ngx_mail_proxy_module、ngx_mail_smtp_module、ngx_mail_pop3_module、ngx_mail_imap_module 共 6 个模块，允许 Nginx 作为 SMTP、POP3 及 IMAP 三种邮箱服务器的代理服务器。其中，

--with-mail_ssl_module 为 Nginx 邮箱代理服务器提供了安全的邮件传输。

完成邮箱模块的安装之后，即可开始配置 Nginx 邮箱代理服务。此处介绍的是 Nginx 邮箱代理服务的常用配置方式，示例代码如下：

```
mail{
    #配置虚拟主机域名
    server name mail.qianfeng.com
    #配置邮箱认证服务器
    auth_http 10.0.45.230:80/auth.php;
    #配置单个请求占用缓冲区的空间大小
    proxy_buffer 4k;
    #等待 HTTP 认证服务器响应的超时时间
    auth_http_timeout 60s;
    #SMTP 相关配置
    server{
        listen 25;
        protocol smtp;
        proxy on;
    }
    #POP3 相关配置
    server{
        listen 110;
        protocol pop3;
        proxy on;
        #是否将 HTTP 认证时发生的错误返回客户端
        proxy_pass_error_message on;
    }
    #IMAP 相关配置
    server{
        listen 143;
        protocol imap;
        proxy on;
    }
}
```

上述示例中，server name 用于配置虚拟主机的域名：如果拥有多个虚拟主机，该配置只能写在 server 段中；如果只有一个虚拟主机，该配置可以写在 mail 段中。auth_http_timeout 表示 Nginx 邮箱代理向 HTTP 认证服务器发送认证请求之后，等待 HTTP 认证服务器响应的时间，默认为 60 秒，通常自定义不超过 75 秒。根据不同邮箱服务器，需要配置不同的邮箱协议。

下面将介绍一些常见的邮箱代理配置，如表 7.4 所示。

表 7.4   常见的邮箱代理配置

模块	说明
listen	指定邮箱代理服务器监听的端口
server name	指定虚拟主机的域名
protocol	配置虚拟主机所支持的邮箱协议
so_keepalive	配置邮箱代理服务器的 TCP keepalive 模式
pop3_auth	配置 POP3 用户认证

续表

模块	说明
pop3_capabilities	配置 POP3 扩展功能
imap_auth	配置 IMAP 用户认证
imap_capabilities	配置 IMAP 扩展功能
imap_client_buffer	配置 IMAP 缓存数据大小
smtp_auth	配置 SMTP 用户认证
smtp_capabilities	配置 SMTP 扩展功能
auth_http_header	配置 Nginx 邮箱代理服务器发送给 HTTP 认证服务器的请求头部
auth_http_timeout	配置 Nginx 邮箱代理服务器给 HTTP 认证服务器发送请求后的等待超时时间
proxy_pass_error_message	配置是否将 HTTP 认证时发生的错误返回客户端
proxy_timeout	配置客户端与邮箱代理服务器之间的超时时间

　　由于 Nginx 在实际应用中很少作为邮箱代理服务器，此处只简单介绍其工作原理、配置示例以及常用配置。有兴趣的读者可以参考官方文档，进行深入学习。

7.5　本章小结

　　本章讲解了 Nginx 正向代理与反向代理的原理、反向代理的配置方式、代理缓存的配置方式以及邮箱代理的配置原理。通过本章的学习，读者应首先能够正确区分正向代理与反向代理，其次能够熟练掌握 Nginx 反向代理与代理缓存的配置方式，最后能够了解 Nginx 邮箱代理服务器的原理与配置。

7.6　习题

　　1. 填空题

　　（1）_____是外网与内网之间的桥梁，可以代理客户端访问服务器端，也可以代理服务器端响应客户端。

　　（2）通常_____不允许客户端直接访问外网，正向代理的作用是代理内网客户端访问外网。

　　（3）服务器端通过_____服务器只给用户提供一个域名，用户通过访问一个域名即可从多台服务器中获取资源。

　　（4）正向代理可以_____客户端信息。

　　（5）客户端的请求不会直接发送给服务器端，而是先由_____服务器接收。

　　2. 选择题

　　（1）在反向代理中，用于缓存资源的空间叫作（　　　）。

　　　　A. 缓存区　　　　　　B. 缓冲区　　　　　　C. 磁盘空间　　　　　D. 内核空间

　　（2）Nginx 反向代理服务器配置完成之后，Nginx 将不再提供（　　　）功能。

　　　　A. 负载均衡　　　　　B. Web　　　　　　　C. 缓存　　　　　　　D. 处理请求

（3）通常在访问日志中，不会直接显示客户端的真实 IP 地址，而是显示（　　　）的 IP 地址。

    A. 反向代理　　　　　　B. 正向代理　　　　　　C. Web 服务器　　　D. 数据库

（4）Nginx 反向代理配置中表示真实 IP 地址的参数是（　　　）。

    A. proxy_pass　　　　　　　　　　　　B. proxy_connect_timeout

    C. proxy_send_timeout　　　　　　　　D. proxy_buffering

（5）定义 Nginx 反向代理缓存区时，表示缓存存在时间的参数是（　　　）。

    A. max_size　　　　　B. levels　　　　　C. inactive　　　　D. keys_zone

3. 简述题

（1）简述正向代理与反向代理的区别。

（2）简述配置 Nginx 反向代理时，各参数的含义。

4. 操作题

创建一个网站，为该网站做反向代理与代理缓存。

第8章 动态网站

动态网站

本章学习目标

- 了解动态网站与静态网站的区别
- 熟悉动态网站的构成
- 掌握动态网站的搭建方式

当用户访问网站时可以发现，有些网站在登录账号的情况下，用户可以进行编辑资源、上传图片、发表评论等操作。而有些网站只可以直接浏览，却不支持用户登录等一系列操作，并且页面中超链接较少。本章将通过讲解搭建网站的原理，来说明造成以上两种不同网站的原因。

8.1 网站介绍

8.1.1 静态与动态

静态网站是指页面全部由 HTML 汇编构成的网站，网站所有内容都写在 HTML 文件中，其架构如图 8.1 所示。

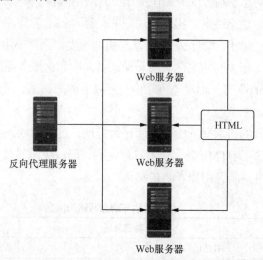

图 8.1 静态网站架构

虽然是静态网站，但静态网站中内容也包括动态图片、视频、超链接等。静态网站的 URL 都是固定的，并且 URL 中不含 "?"，网站文件的扩展名通常为 ".htm"

".html" ".shtml" 等。所以静态网站中的内容是固定的，只能处理静态请求，如查看视频、文本文件、图片等，并且对于用户的请求只能"有什么给什么"。当静态网页被发布到网站中时，静态网页就是一个独立的文件，用户可以通过 URL 或者单击网站中的超链接进行访问。因此静态网站内容较为稳定，更容易被搜索引擎检索到。由于静态网站不需要数据库的支持，相较于动态网站，静态网站在制作与维护时，会更加费时费力，但在用户访问时，访问的速度会更快。

动态网站并非是指拥有动态动画内容的网站，而是指相对于静态网站，可以根据不同情况更改内容的网站，通常需要数据库的支持，其架构如图 8.2 所示。

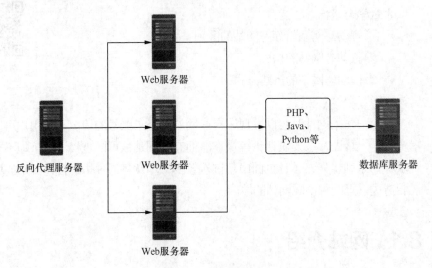

图 8.2　动态网站架构

从图 8.2 中可以看到，动态网站的构建不仅需要页面设计，还需要中间件（PHP、Java、Python 等）与数据库的支持来实现很多功能。相较于静态网站，动态网站对服务器的空间配置要求更高，费用消耗也更高，但动态网站可以更加便捷地更新网站内容，更加适合企业使用。

动态网站可以处理动态请求，实现与用户的交互，如上传资源、发布文章、用户注册等，对于用户的请求可以做到"要什么给什么"。当动态页面被发布网站中时，它并不是一个独立的文件，而是与中间件、数据库相关联的文件。由于动态页面中包含服务器脚本，所以页面文件的扩展名通常为".asp"".jsp"".php"等。但动态网站中也可以有静态页面，所以页面文件的扩展名并非判断网站动态与静态的标准。

客户端对动态页面的请求必须由数据库进行处理，这导致动态网站的响应速度比静态网站慢许多。由于动态页面中除了 HTML 外，还有其他代码，所以更不易被搜索引擎检索到。

静态网站与动态网站的区别如表 8.1 所示。

表 8.1　　　　　　　　　　　　　　静态网站与动态网站的区别

对比项	静态网站	动态网站
语言	HTML	HTML+PHP、HTML+JSP 等
URL	以 HTML 结尾，不带 "?"	不一定以 HTML 结尾，带 "?"
引擎检索	容易	不易
访问速度	较快	较慢

续表

对比项	静态网站	动态网站
交互性	较弱	较强
数据库	不支持	支持
中间件	不支持	支持
页面类型	静态页面	动态页面、静态页面

8.1.2 网站组件

网站组件是指构成网站架构的各个部分，包括硬件与软件两个方面。硬件指服务器、网线等基础物理设施，软件指 Web 服务、数据库等应用。除创业公司外，大多数企业的网站底层基础架构都已经设计完成，处于不断完善的过程中，所以本章只对软件层面的架构做讲解。

下面介绍网站架构中两种常见的组件。

1. 数据库

庞大的数据库系统不仅提高了数据的存储能力，还为数据的运算提供了有力的支持，使人们的上网体验得到良好的提升。数据库中的数据按一定的数学模型组织、描述及存储，具有极小的冗余、较高的数据独立性和易扩展性，并可为各种用户共享。

接下来介绍 3 款常见的数据库应用。

（1）Oracle

Oracle（见图 8.3）前身是 SDL。1979 年，Oracle 公司引入了第一个商用 SQL 关系数据库管理系统。Oracle 公司是最早开发关系数据库的厂商之一，其产品支持广泛的操作系统平台。目前 Oracle 关系数据库产品在市场上占有很大比例。

Oracle 主要应用在传统大企业、规模较大的公司（如金融、证券）、政府等。

（2）MySQL

MySQL（见图 8.4）是一个中小型关系数据库管理系统，软件开发者为瑞典 MySQL AB 公司，目前 MySQL 被广泛地应用在网络上的大、中、小型网站中。由于其体积小、速度快、总体拥有成本低，以及开放源码等特点，许多大、中、小型网站为了降低网站总体成本，而选择 MySQL 作为网站数据库。

图 8.3　Oracle 商标

图 8.4　MySQL 商标

MySQL 主要应用在大中小型网站、游戏公司、电商平台等。

（3）MongoDB

MongoDB（见图 8.5）是一个介于关系数据库和非关系数据库之间的产品，是非关系数据库中功能较丰富、较像关系数据库的数据库。它支持的数据结构非常松散，类似于 JSON 的 bjson 格式，因此可以存储比较复杂的数据类型。

MongoDB 的特点是它支持的查询语言非常强大，其语法有点类似于面向对象的查询语言，几乎可以实现类似关系数据库单表查询的绝大部分功能，而且还支持对数据建立索引。它的特点是：高性能、易部署、易使用，

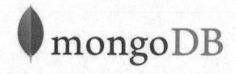

图 8.5　MongoDB 商标

存储数据非常方便；面向集合存储，易存储对象类型的数据，支持动态查询；完全索引包含内部对象，支持复制和故障恢复；使用高效的二进制数据存储，包括大型对象（如视频等）自动处理碎片，以支持云计算层次的扩展性；支持 Ruby、Python、Java、C++、PHP 等多种语言。

2. 中间件

中间件是介于系统软件与应用软件之间，为两者提供资源共享、合作互通的接口，同时能够为应用程序提供服务的软件，是一类软件的总称。

接下来介绍几种常见的中间件。

（1）Python

Python（见图 8.6）是一门编程语言，从设计之初秉承着简洁的宗旨，深受广大开发者喜爱。最初 Python 用于编写自动化脚本，因其简单易学等优势，迅速发展到其他各个领域，如 Web 编程、网络爬虫、人工智能等。

（2）PHP

PHP（Hypertext Preprocessor），即超文本预处理器，是一种常用的开源脚本语言。PHP 与 C 语言相似，不仅继承了 C 语言简单易懂、可操作性强的优势，还具备快捷等特点，如图 8.7 所示。

图 8.6　Python 商标

图 8.7　PHP 商标

相较于其他语言，PHP 有着良好的可靠性与可移植性，是当下最流行的服务器应用编程语言之一。

（3）Java

Java（见图 8.8）是一门面向对象的编程语言，它吸收了 C++的各种优点，摒弃了 C++中难以理解的多继承、指针等概念，因此 Java 具有功能强大和简单易用两个特征。

Java 历时二十多年的发展，已经成为人类计算机历史上影响最深远的编程语言，同时还诞生了无数和 Java 相关的产品、技术及标准。在网站中通常需要安装 Java 的软件开发工具包——JDK，用于支持 Java 程序的运行。

图 8.8　Java 商标

8.1.3 网站架构

网站架构通常是指网站内部的设计结构，通过对 IDC 机房、网络带宽、服务器划分等多方面考虑，设计出能够高效利用管理资源的网站框架，是成为一名合格运维工程师的必备技能。通常软件层面的基础网站架构由 4 部分组成，包括操作系统、Web 服务、数据库及中间件，如图 8.9 所示。

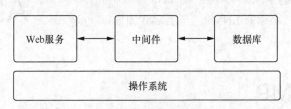

图 8.9　基础网站架构

操作系统为整个网站架构提供一个平台，无论是用户还是运维工程师，对网站的所有操作都基于这个平台。常见的操作系统有 Windows、Linux 等。

下面将介绍几种常见的基础网站架构。

1. Linux+Apache+MySQL+ Python

Linux+Apache+MySQL+Python 是以 Linux 作为操作系统、Apache 作为 Web 服务器软件、MySQL作为数据库、Python 作为中间件的网站架构。该架构可简称为 LAMP，其中的 "P" 可以是 Python、PHP 等。所以 LAMP 不是指一种架构，而是指一类架构的统称。

2. Linux+Tomcat+JDK+Oracle

Linux+Tomcat+JDK+Oracle 是以 Linux 作为操作系统、Tomcat 作为 Web 服务器软件、JDK 作为中间件、Oracle 作为数据库的网站架构。其中，Tomcat 与 Apache 同属于 Apache 基金会。Tomcat 同样是一款优秀的 Web 服务器软件，专注于处理动态请求，甚至比 Apache 更加擅长处理动态请求。同时，Tomcat 也是 JDK 中间件的容器，能够很好地支持 Java 程序在网站中运行，如图 8.10 所示。

JDK 是 Java 的软件开发工具包，其中包括 Java 的运行环境与 Java 工具。

3. Windows+IIS+ASP.NET+MongoDB

Windows+IIS+ASP.NET+MongoDB 是以 Windows 作为操作系统、IIS 作为 Web 服务器软件、ASP.NET 作为中间件、MongoDB 作为数据库的网站架构。其中，IIS（Internet Information Services）又称互联网信息服务，是由微软公司提供的一款 Web 服务器软件，并且只基于 Windows 操作系统运行，如图 8.11 所示。

图 8.10　Tomcat 商标

图 8.11　IIS

与 IIS 相同，ASP.NET 同样由微软公司提供，它是一门全新的脚本语言，如图 8.12 所示。

图 8.12　ASP.NET

4．Linux+Nginx+MySQL+PHP

Linux+Nginx+MySQL+PHP 是以 Linux 作为操作系统、Nginx 作为 Web 服务器软件、MySQL 作为数据库、PHP 作为中间件的网站架构。该网站架构可简称为 LNMP，与 LAMP 相同，也是指一类架构。

8.2　部署 LNMP

下面将通过 Linux+Nginx+PHP+MySQL 的方式部署 LNMP 动态网站。首先，必要条件是关闭 Linux 操作系统的 firewalld 与 SELinux，并安装 Nginx 服务。

8.2.1　部署 PHP-FPM

1．FastCGI 简介

Nginx 与 PHP 原本是两个独立的存在，要将二者关联起来就必须通过公共网关接口（Common Gateway Interface，CGI）。有了 CGI，不仅 Nginx 与 PHP，几乎所有的 Web 服务器软件与中间件都可以通过该接口进行关联。

CGI 既不属于 Web 服务器软件，也不属于中间件，而是一个独立的程序，用于在 Web 服务器软件与中间件之间传递信息。为了使 Web 服务器软件实现更多功能，Web 服务器软件可以根据客户端请求调用 CGI 程序，将请求交由中间件或者数据库进行处理，处理完成之后的结果又将通过 CGI 程序返回 Web 服务器软件，再返回客户端。

2．安装 PHP-FPM

（1）YUM 安装

PHP 作为中间件时，PHP-FPM 是必须安装的，示例代码如下：

```
[root@nginx ~]# yum install -y php-fpm php-mysql php-gd
```

上述示例中，不仅安装了 PHP-FPM，还安装了相关依赖。其中，php-mysql 是用于连接 MySQL 数据库的程序，php-gd 是用于处理图片或者生成图片的图形库程序。

PHP-FPM 安装完成后，将其开启并查看服务器 9000 端口，示例代码如下：

```
[root@nginx ~]# systemctl restart php-fpm
[root@nginx ~]# systemctl enable php-fpm
Created symlink from /etc/systemd/system/multi-user.target.wants/php-fpm.service
 to /usr/lib/systemd/system/php-fpm.service.
[root@nginx ~]# netstat -anpt | grep 9000
tcp 0 0 127.0.0.1:9000 0.0.0.0:* LISTEN 14205/php-fpm: mast
```

从上述示例中可以看到，服务器 9000 端口已经被 PHP-FPM 程序使用。

（2）源码安装

源码安装与 YUM 安装不同，在源码安装中，用户可以选择自己需要的版本，而 YUM 安装默认安装最新版，甚至一些软件在 YUM 仓库中并没有得到及时的更新。

PHP 作为当前最流行的编程语言之一，拥有其单独的官方网站。登录 PHP 官方网站即可获取下载 PHP 源码包的 URL，如图 8.13 所示。

图 8.13　PHP 官方网站

官方网站中发布了多种 PHP 版本，此处以 5.6.27 版本为例。将源码包下载，上传至服务器，并解压缩源码包，示例代码如下：

```
[root@nginx ~]# tar -zxvf php-5.6.27.tar.gz
```

PHP 源码包安装完成之后，通过 YUM 仓库下载其依赖包，示例代码如下：

```
[root@nginx ~]# yum -y install libxml2-devel openssl-devel \
[root@nginx ~]# curl-devel libjpeg-devel libpng-devel freetype-devel
```

上述示例中，libxml2-devel 是 PHP 所必需的依赖包，其他依赖包则用于支持 PHP 的各种功能。

另外，为了能够实现--with-mcrypt 的功能，还需要安装 libmcrypt 库。由于 YUM 仓库中没有 libmcrypt 库的源码包，所以需要到 SourceForge 网站获取资源路径（http://sourceforge./net/projects/mcrypt）下载源码包。

下载完成后，编译安装依赖包，示例代码如下：

```
[root@nginx ~]# tar -zxvf libmcrypt-2.5.8.tar.gz
[root@nginx ~]# cd libmcrypt-2.5.8
[root@nginx ~]# ./configure
[root@nginx ~]# make && make install
```

依赖包安装完成之后，开始编译安装 PHP，示例代码如下：

```
[root@nginx ~]# cd php-5.6.27
[root@nginx ~]# ./configure --prefix=/usr/local/php --enable-fpm \
--with-zlib --enable-zip --enable-mbstring --with-mcrypt --with-mysql \
--with-mysqli --with-pdo-mysql --with-gd --with-jpeg-dir --with-png-dir \
--with-freetype-dir --with-curl --with-openssl --with-mhash --enable-bcmath \--e
nable-opcache
[root@nginx ~]# make && make install
```

上述示例中，在编译 PHP 时添加了一些编译参数，使 PHP 更好地服务于网站。下面介绍一些 PHP 常见编译参数，如表 8.2 所示。

表 8.2	PHP 常见编译参数
参数	说明
--prefix	安装目录，默认为/usr/local/
--enable-fpm	开启 FPM，为 PHP 提供 FastCGI 进程管理器
--with-zlib	用于压缩与解压缩数据
--enable-zip	安装 zip 功能
--enable-mbstring	用于处理多字节字符串
--with-mcrypt	mcrypt 加密支持
--with-mysql	连接 MySQL 数据库功能
--with-mysqli	连接 MySQL 数据库功能加强版
--with-pdo-mysql	基于 PDO 的连接 MySQL 数据库功能
--with-gd	安装 GD 库
--with-jpeg-dir	JPEG 格式图形处理库
--with-png-dir	PNG 格式图形处理库
--with-freetype-dir	FREETYPE 图形处理库
--with-curl	curl 功能
--with-openssl	OpenSSL 功能
--with-mhash	mhash 加密支持
--enable-bcmath	精确计算功能
--enable-opcache	opcache 功能（代码优化器）

通常情况下，PHP 编译参数的前缀分为 with 与 enable 两种。其中，enable 表示启用 PHP 内置的功能，而 with 表示启用共享库中的功能。若无法启用，则需要安装相应的依赖包。

上述示例中所编译的参数较为全面，适用于比较成熟的项目。在实际应用中，PHP 编译参数可由用户自由选择。

3. 测试 PHP 页面

PHP-FPM 程序运行之后，可以通过访问其界面进行测试。首先，创建脚本文件，示例代码如下：

```
[root@nginx ~]# cat /usr/share/nginx/html/index.php
<?php
phpinfo();
?>
```

上述示例中，在文件中通过 PHP 添加了显示 PHP 基础信息的配置。其中，<?php 与?>是 PHP 开始与结束的书写格式。phpinfo()是 PHP 中的函数，用于显示 PHP 的基础信息。

只创建了脚本文件还不能将 PHP 的基础信息显示到页面中，需要将脚本文件引用到 Web 服务的配置中，示例代码如下：

```
[root@nginx ~]# cat /etc/nginx/conf.d/default.conf
server {
location / {
index index.php index.html;
    }
}
```

上述示例中，在主页配置文件中，location 段引用了之前创建完成的 PHP 脚本文件，为用户提供访问。

接着，重启 Nginx 服务，引用 PHP 脚本之后访问网站，如图 8.14 所示。

从图 8.14 中可以看到，引用 PHP 脚本之后访问，PHP 基础信息页面并没有出现，而是服务器端向客户端发送了一个文件。

下载文件并通过记事本打开，查看文件，如图 8.15 所示。

图 8.14 引用 PHP 脚本之后访问网站

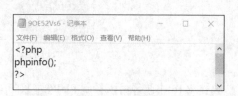

图 8.15 查看文件

从图 8.15 中可以看到，服务器端向客户端发送的文件正是之前在服务器端写好的 PHP 脚本文件。这是由于客户端向服务器端发送的是动态请求，而此时服务器端虽然开启了 PHP 中间件，但没有配置 FastCGI，请求并没有被 PHP 处理，仍是由 Nginx 进行处理。Nginx 对查看 PHP 基础信息的请求无法处理，只能向客户端发送相关文件。

例如，在饭店，客人点了一份西红柿炒鸡蛋。由于饭店的厨师下班了，服务员直接将西红柿与鸡蛋端给客人。食材没有经过烹饪，而服务员不会烹饪，只能将原始食材端给客人。

然后，在主页配置文件中为 PHP 配置 FastCGI，示例代码如下：

```
[root@nginx ~]# cat /etc/nginx/conf.d/default.conf
server {
location ~ \.php$ {
        root /usr/share/nginx/html;
        fastcgi_pass 127.0.0.1:9000;
        fastcgi_index index.php;
        fastcgi_param SCRIPT_FILENAME $document_root$fastcgi_script_name;
        include fastcgi_params;
    }
}
```

上述示例中，在主页配置文件中添加了 location ~ \.php$ 段的配置，该配置都与 PHP 的 FastCGI 息息相关。通常在 Nginx 1.16 版本中，主页配置文件都会自带 PHP FastCGI 的相关配置，只需要取消注释符即可使用。

下面讲解 PHP FastCGI 配置中的参数：

- location ~ \.php$ 表示收到类似于 .php 结尾的请求之后，将执行以下配置，"~" 表示类似；
- fastcgi_pass 表示请求将发送的端口，此处为本机端口 9000；
- fastcgi_index 表示 PHP 的默认主页；

- fastcgi_param 表示调用 PHP 的环境变量，此处调用了脚本文件的请求路径。

然后，通过浏览器访问 PHP 的基础信息，如图 8.16 所示。

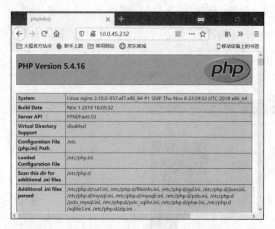

图 8.16　PHP 的基础信息

从图 8.16 中已经可以看到 PHP 的基础信息，包括版本信息、创建时间、文件路径等。

8.2.2　部署 MySQL

1．YUM 部署

当用户访问动态网站产生数据时，就需要通过数据库进行储存，由中间件将数据写入数据库。当用户需要查看账户信息时，数据库就通过中间件将数据发送给客户端。

例如，将一笔钱存储到支付宝时，在支付宝服务器端产生了数据，服务器端会将存入的数额显示到余额中。当用户再次登录客户端查看余额时，中间件又会读取数据库中的数据，将数据发送到客户端。所以数据库在网站中起着至关重要的作用，通常企业对数据库的安全性十分重视。

下面通过示例演示 YUM 安装 MySQL 数据库。

首先需要从官方网站下载 MySQL 的镜像仓库文件来更新仓库。浏览器访问网址，或者在搜索引擎中访问 MySQL 官方网址，在主页面中找到"下载"→"社区"→"MySQL Yum 存储库"，界面如图 8.17 所示。

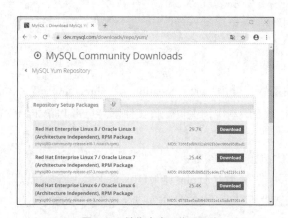

图 8.17　镜像仓库下载页面

选择"Red Hat Enterprise Linux 7/Oracle Linux 7(Architecture Independent), RPM Package"进行下载，此时页面会跳转到确认下载界面，右击页面下方"No thanks, just start my download.",在弹出的快捷菜单中选择"复制链接地址"。

然后返回终端，通过 wget 命令下载文件。文件下载成功后，即可通过安装 YUM 仓库来更新 MySQL 镜像仓库，示例代码如下：

```
[root@nginx ~]# yum -y install wget
[root@nginx ~]# wget https://dev.mysql.com/get/mysql80-community-release-el7-1.n
oarch.rpm
[root@nginx ~]# ls
mysql80-community-release-el7-1.noarch.rpm
[root@nginx ~]# yum localinstall mysql80-community-release-el7-1.noarch.rpm
```

YUM 仓库更新完成后，即可安装 MySQL 数据库，具体步骤如下。

（1）选择需要安装的版本

查看 YUM 仓库中关于 MySQL 的所有列表，代码如下所示：

```
[root@nginx ~]# yum repolist all |grep mysql
mysql-cluster-7.5-community/x86_64 MySQL Cluster 7.5 Community   disabled
mysql-cluster-7.5-community-source MySQL Cluster 7.5 Community - disabled
mysql-cluster-7.6-community/x86_64 MySQL Cluster 7.6 Community   disabled
mysql-cluster-7.6-community-source MySQL Cluster 7.6 Community - disabled
mysql-connectors-community/x86_64  MySQL Connectors Community enabled:118
mysql-connectors-community-source  MySQL Connectors Community -  disabled
mysql-tools-community/x86_64       MySQL Tools Community        enabled:95
mysql-tools-community-source       MySQL Tools Community - Sourc disabled
mysql-tools-preview/x86_64         MySQL Tools Preview          disabled
mysql-tools-preview-source         MySQL Tools Preview - Source   disabled
mysql55-community/x86_64           MySQL 5.5 Community Server   disabled
mysql55-community-source           MySQL 5.5 Community Server -  disabled
mysql56-community/x86_64           MySQL 5.6 Community Server   disabled
mysql56-community-source           MySQL 5.6 Community Server -  disabled
mysql57-community/x86_64           MySQL 5.7 Community Server   disabled
mysql57-community-source           MySQL 5.7 Community Server -   disabled
mysql80-community/x86_64           MySQL 8.0 Community Server enabled:129
```

从上述示例中可以看到，MySQL 8.0 是"enable"状态，MySQL 的 YUM 安装默认安装最新的版本。当它开启时，其他版本就无法开启，此时需要将其关闭。在执行关闭操作之前，首先需要安装 YUM 管理工具包，此包提供了 yum-config-manager 命令工具，示例代码如下：

```
[root@nginx ~]# yum install yum-utils
```

接着，关闭 MySQL 8.0，并开启需要的 MySQL 版本，示例代码如下：

```
[root@nginx ~]# yum-config-manager --disable mysql80-community
Loaded plugins: fastestmirror
[root@nginx ~]# yum-config-manager --enable mysql57-community
```

上述示例中，关闭了 MySQL 8.0，并开启了 MySQL 5.7。

设置完成后再次确认启动的 MySQL 数据库的版本，示例代码如下：

```
[root@nginx ~]# yum repolist enabled | grep mysql
mysql-connectors-community/x86_64    MySQL Connectors Community      118
```

```
mysql-tools-community/x86_64          MySQL Tools Community          95
mysql57-community/x86_64              MySQL 5.7 Community Server      36
```

（2）开始安装 MySQL

配置好镜像仓库及其版本便可以使用以下命令来安装 MySQL，示例代码如下：

```
[root@nginx ~]# yum install -y mysql-community-server
```

（3）启动 MySQL 服务与查看状态

安装完成后启动 MySQL 数据库服务，示例代码如下：

```
[root@nginx ~]# systemctl start mysqld.service
[root@nginx ~]# systemctl status mysqld.service
mysqld.service - MySQL Server
Loaded: loaded (/usr/lib/systemd/system/mysqld.service; enabled; vendor preset:
disabled)
Active: active (running) since Thu 2019-01-15 16:24:24 CST; 1h 10min ago
    Docs: man:mysqld(8)
          http://dev.mysql.com/doc/refman/en/using-systemd.html
          Process: 1093 ExecStart=/usr/sbin/mysqld --daemonize --pid-file=/var/
run/mysqld/mysqld.pid $MYSQLD_OPTS (code=exited, status=0/SUCCESS)
Process: 1067 ExecStartPre=/usr/bin/mysqld_pre_systemd (code=exited, status=0/
SUCCESS)
Main PID: 1193 (mysqld)
CGroup: /system.slice/mysqld.service
        └─1193 /usr/sbin/mysqld --daemonize --pid-file=/var/run/mysqld/mysqld.
pid...

Aug 15 16:24:17 localhost systemd[1]: Starting MySQL Server...
Aug 15 16:24:24 localhost systemd[1]: Started MySQL Server.
```

从上述示例中可以看到，MySQL 服务处于运行（running）状态。

MySQL 默认占用系统 3306 端口，使用 ss -natl 与 grep 命令过滤出端口的运行状态，示例代码如下：

```
[root@nginx ~]# ss -natl |grep 3306
LISTEN      0       80           :::3306                      :::*
```

将服务设置为开机自启，计算机重启后不需要再手动启动 MySQL 服务，示例代码如下：

```
[root@nginx ~]# systemctl enable mysqld
```

通过以上命令的执行结果可以看出，数据库服务和端口都已经启动，说明 MySQL 数据库安装成功。

MySQL 主要目录如表 8.3 所示。

表 8.3   MySQL 主要目录

子文件夹路径	主要内容
/usr/bin	mysqladmin、mysqldump 等命令
/etc/rc.d/init.d/	启停脚本文件
/usr/share/info	信息手册
/etc/my.cnf	主要配置文件
/var/lib/mysql	安装目录

2. 源码部署

（1）依赖关系

CentOS 7 系统默认的数据库为 MariaDB，源码安装 MySQL 时，需要卸载系统自带的 MariaDB 软件包，示例代码如下：

```
[root@nginx ~]# rpm -e --nodeps mariadb-libs
```

源码安装无法解决依赖包问题，需要用户自行安装依赖包，示例代码如下：

```
[root@nginx ~]# yum -y install gcc gcc-c++ ncurses ncurses-devel cmake bison bis
on-devel
```

下面介绍一些常见的 MySQL 依赖包，如表 8.4 所示。

表 8.4　　　　　　　　　　　　　　MySQL 依赖包

依赖包	说明
cmake	由于从 MySQL 5.5 开始弃用了常规的 configure 编译方法，所以需要 CMake 编译器，用于设置 MySQL 的编译参数，如安装目录、数据存放目录、字符编码、排序规则等
Boost	从 MySQL 5.7.5 开始 Boost 库是必需的，MySQL 源码中用到了 C++的 Boost 库，要求必须安装 boost 1.59.0 或以上版本
GCC	Linux 下的 C 语言编译工具，MySQL 源码编译完全由 C 语言和 C++编写，要求必须安装 GCC
bison	Linux 下 C/C++语法分析器
ncurses	字符终端处理库

（2）下载源码包

从 MySQL 官方网站下载源码包，需要进入社区下载界面，如图 8.18 所示。

单击 "Looking for the previous GA versions?" 查找之前的版本，将进入一个新的社区下载界面。在旧版界面上方的对话框中选择需要的版本，如图 8.19 所示。

图 8.18　社区下载页面

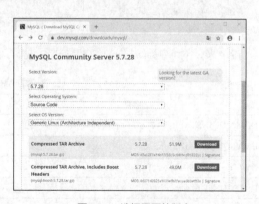

图 8.19　选择需要的版本

图 8.19 中，版本（Version）选择了 5.7.28，操作系统（Operating System）选择了 Source Code，操作系统版本（OS Version）选择了 Generic Linux (Architecture Independent)。之后，下方筛选出两个源码包，通常选择 Compressed TAR Archive（不包括 Boost 头）源码包。单击 "Download"，进入确认下载界面。右击 "No thanks, just start my download."，在弹出的快捷菜单中选择 "复制连接地址"。

返回终端，通过 wget 命令进行下载，示例代码如下：

```
[root@nginx ~]# wget https://dev.mysql.com/get/Downloads/MySQL-5.7/mysql-5.7.28.
tar.gz
```

与此同时，还需要下载 boost 的依赖包，示例代码如下：

```
[root@nginx ~]# wget http://downloads.sourceforge.net/project/boost/boost/1.59.0
/boost_1_59_0.tar.gz
```

（3）用户与授权

添加一个启动 MySQL 服务的用户，示例代码如下：

```
[root@nginx ~]# useradd -M -s /sbin/nologin mysql
```

上述示例中，-M 表示指定不创建用户的家目录，-s 表示指定一个不能登录的 shell。

接下来，对安装目录进行授权，示例代码如下：

```
[root@nginx ~]# mkdir -p /mysql/data
[root@nginx ~]# chown -R   mysql:mysql   /usr/local/mysql
[root@nginx ~]# chown -R   mysql.mysql   /mysql/data
[root@nginx ~]# chmod 750   /mysql/data
```

（4）解压缩与预编译

将下载的源码包解压缩并预编译成二进制文件，示例代码如下：

```
[root@nginx ~]# tar xzf boost_1_59_0.tar.gz
[root@nginx ~]# tar xzf mysql-5.7.25.tar.gz
[root@nginx ~]# cd mysql-5.7.25
[root@nginx ~]# cmake . -DCMAKE_INSTALL_PREFIX=/usr/local/mysql \
-DMYSQL_DATADIR=/mysql/data \
-DWITH_BOOST=../boost_1_59_0 \
-DSYSCONFDIR=/etc \
-DENABLED_LOCAL_INFILE=1 \
-DENABLE_DTRACE=0 \
-DDEFAULT_CHARSET=utf8mb4 \
-DDEFAULT_COLLATION=utf8mb4_general_ci \
-DWITH_EMBEDDED_SERVER=1
```

接下来，对预编译过程中的参数进行说明，如表 8.5 所示。

表 8.5　　　　　　　　　　　　　　　源码预编译参数说明

参数	说明
-DCMAKE_INSTALL_PREFIX=/usr/local/mysql	指定安装目录
-DMYSQL_DATADIR=/mysql/data	指定数据存放目录
-DWITH_BOOST=../boost_I_59_0 \	编译使用 1.59.0 版本的 boost 库
-DSYSCONFDIR=/etc	指定配置文件目录
-DENABLED_LOCAL_INFILE=1	指定允许使用 load data infile 功能，就是加载本地文件
-DENABLE_DTRACE=0	使用 DTrace 跟踪 mysqld
-DDEFAULT_CHARSET=utf8mb4	指定默认的字符编码
-DDEFAULT_COLLATION=utf8mb4_general_ci	指定默认排序规则
-DWITH_EMBEDDED_SERVER=1	编译使用的 libmysqld 嵌入式库

更多的参数设置说明可以参阅 MySQL 的官方使用手册。如果预编译中途失败，需要删除 cmake

生成的预编译配置参数的缓存文件和 make 编译后生成的文件，再重新预编译。如果报错，提示中有以下信息：

```
make[2]: *** [libmysqld/examples/mysql_client_test_embedded]
make[1]: *** [libmysqld/examples/CMakeFiles/mysql_client_test_embedded.dir/all]
```

则需要在预编译参数中加入以下配置项：

```
-DWITH_EMBEDDED_SERVER=OFF
```

当看到以下信息时，表示 MySQL 安装成功，如图 8.20 所示。

```
-- CMAKE_C_FLAGS_RELWITHDEBINFO: -O3 -g -fabi-version=2 -fno-o
mit-frame-pointer -fno-strict-aliasing -DDBUG_OFF
-- CMAKE_CXX_FLAGS_RELWITHDEBINFO: -O3 -g -fabi-version=2 -fno
-omit-frame-pointer -fno-strict-aliasing -DDBUG_OFF
-- Configuring done
-- Generating done
-- Build files have been written to: /root/mysql/mysql-5.7.23
```

图 8.20　MySQL 安装成功

（5）编译安装与环境变量

由于编译过程中对系统资源的消耗较大，如果使用虚拟机做实验，建议将内存调整至 2GB 及以上，示例代码如下：

```
[root@nginx ~]# make -j  $(grep processor /proc/cpuinfo | wc -l)
[root@nginx ~]# make install
[root@nginx ~]# echo -e '\n\nexport PATH=/usr/local/mysql/bin:$PATH\n' >> /etc/p
rofile && source /etc/profile
```

（6）添加服务到 systemd

将 MySQL 服务添加至 systemd，即可通过 systemd 命令对 MySQL 进行操作，如开启、关闭等。首先，复制可执行文件到指定的目录下，并修改名字为 mysqld，示例代码如下：

```
[root@nginx ~]# cp /usr/local/mysql/support-files/mysql.server /etc/init.d/mysqld
```

然后，授予文件可执行权限，示例代码如下：

```
[root@nginx ~]# chmod +x /etc/init.d/mysqld
```

最后，即可通过 systemd 命令对 MySQL 进行操作，示例代码如下：

```
[root@nginx ~]# systemctl enable mysqld
[root@nginx ~]# systemctl start mysqld
```

服务启动完成后，检查 MySQL 的服务状态和端口占用情况，验证 MySQL 源码编译安装是否成功。

8.2.3　初始化数据库

1. 查看初始密码

MySQL 安装完成后会自动生成一个随机密码，使用随机密码即可登录或者修改密码。随机密码可以在 MySQL 的错误日志中找出，示例代码如下：

```
[root@nginx ~]# grep 'temporary password' /var/log/mysqld.log
2019-12-04T17:06:13.949998Z 1 [Note] A temporary password is generated for root@
localhost: mA8D5NTiq_Ht
```

上述示例中可以看到，MySQL 的初始密码为 "mA8D5NTiq_Ht"。

2. 修改密码

下面介绍两种修改登录密码的方式。

（1）登录 MySQL 修改密码

使用初始密码登录 MySQL 数据库，在数据库中使用 alter 语句修改密码，示例代码如下：

```
[root@nginx ~]# mysql -uroot -p"mA8D5NTiq_Ht"
mysql: [Warning] Using a password on the command line interface can be insecure.
Welcome to the MySQL monitor.  Commands end with ; or \g.
Your MySQL connection id is 9
Server version: 5.7.28

Copyright (c) 2000, 2019, Oracle and/or its affiliates. All rights reserved.

Oracle is a registered trademark of Oracle Corporation and/or its
affiliates. Other names may be trademarks of their respective
owners.

Type 'help;' or '\h' for help. Type '\c' to clear the current input statement.

mysql> alter user root@localhost identified by 'Qianfeng1*';
Query OK, 0 rows affected (0.00 sec)
mysql> \q
Bye
```

上述示例中，通过 MySQL 命令与初始密码进入数据库，并使用 alter 语句将数据库密码修改为 "Qianfeng1*"。当需要退出数据库时，在数据库中执行 exit 命令即可，或者执行 "\q"。

（2）终端修改密码

在不登录 MySQL 的情况下，在终端通过一条命令即可修改数据库密码，示例代码如下：

```
[root@nginx ~]# mysqladmin -p'mA8D5NTiq_Ht' password'Qianfeng1*'
```

注意，MySQL 的 validate_password 插件默认安装，这将要求密码包含至少一个大写字母、一个小写字母、一个数字及一个特殊字符，并且密码总长度至少为 8。

3. 密码配置

为了便于示例的进行，读者可以通过修改 MySQL 的配置文件，将数据库密码简化或者取消，示例代码如下：

```
[root@nginx ~]# cat /etc/my.cnf
# For advice on how to change settings please see
# http://dev.mysql.com/doc/refman/5.7/en/server-configuratio n-defaults.html

[mysqld]
#
# Remove leading # and set to the amount of RAM for the most important data
# cache in MySQL. Start at 70% of total RAM for dedicated server, else 10%.
# innodb_buffer_pool_size = 128M
```

```
#
# Remove leading # to turn on a very important data integrity option: logging
# changes to the binary log between backups.
# log_bin
#
# Remove leading # to set options mainly useful for reporting servers.
# The server defaults are faster for transactions and fast SELECTs.
# Adjust sizes as needed, experiment to find the optimal values.
# join_buffer_size = 128M
# sort_buffer_size = 2M
# read_rnd_buffer_size = 2M
datadir=/var/lib/mysql
socket=/var/lib/mysql/mysql.sock

#取消 MySQL 对密码复杂度的要求
plugin-load=validate_password.so
validate-password=OFF

#取消密码
skip-grant-tables=true

# Disabling symbolic-links is recommended to prevent assorted security risks
symbolic-links=0

log-error=/var/log/mysqld.log
pid-file=/var/run/mysqld/mysqld.pid
```

上述示例中，简化密码的配置需要两行代码，而取消密码的配置需要一行代码，不建议两种配置同时使用，并且在配置了取消密码之后不能进行用户授权。其中，plugin-load=validate_password.so 表示关于密码认证的配置，validate-password=OFF 表示关闭密码认证，配置之后 MySQL 不会检查用户使用的密码是否符合规定的复杂度。skip-grant-tables=true 表示跳过真实的密码验证，即访问 MySQL 不需要输入密码。

注意，配置完成之后一定要重启 MySQL 服务。

8.2.4　配置数据库

数据库初始化完成之后，需要用户手动添加网站架构的相关配置。下面将创建存储数据的库，并授权用户管理，示例代码如下：

```
[root@nginx ~]# mysql -uroot -p123
mysql: [Warning] Using a password on the command line interface can be insecure.
Welcome to the MySQL monitor.  Commands end with ; or \g.
Your MySQL connection id is 16
Server version: 5.7.28 MySQL Community Server (GPL)

Copyright (c) 2000, 2019, Oracle and/or its affiliates. All rights reserved.

Oracle is a registered trademark of Oracle Corporation and/or its
affiliates. Other names may be trademarks of their respective
owners.

Type 'help;' or '\h' for help. Type '\c' to clear the current input statement.
```

```
mysql> create database bbs;
#创建存储数据的库
Query OK, 1 row affected (0.00 sec)

mysql>  grant all on bbs.* to phptest@'10.0.45.232' identified by '123';
#授权用户管理数据库
Query OK, 0 rows affected, 1 warning (0.12 sec)

mysql> flush privileges;
#刷新用户权限
Query OK, 0 rows affected (0.00 sec)

mysql> \q
#退出
Bye
```

上述示例中，在 MySQL 中创建了一个存储 Web 数据的数据库，并给一个管理数据库的用户授权。注意，进行授权操作之后，一定要刷新用户权限，否则权限不生效。其中，create database 表示创建数据库，bbs 是数据库名称，用户可以自定义。在授权用户的命令中，phptest@'10.0.45.232'表示用户名与服务器 IP 地址，这也需要用户根据用户与服务器信息随时更改。

有了存储 Web 数据的数据库之后，Web 服务无法直接将数据写入数据库，需要配置 PHP 与数据库进行对接，示例代码如下：

```
[root@nginx ~]# cat /usr/share/nginx/html/index.php
<?php
$link=mysql_connect('10.0.45.232','phptest','123');
if ($link)
            echo "Successfully";
else
            echo "Fail";
mysql_close();
?>
```

上述示例中，在 PHP 文件中添加了关于 MySQL 数据库的相关配置，用于 PHP 连接数据库。其中 mysql_connect 表示 MySQL 数据库的连接函数，用于连接 MySQL 数据库。文件内容表示，如果 PHP 连接到数据库，则在 Web 页面中输出 "Successfully"；如果没有连接到数据库，则在 Web 页面中输出 "Fail"。

保存配置之后，访问 Web 输出页面，如图 8.21 所示。

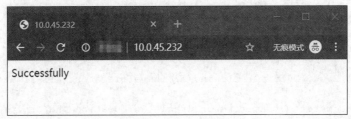

图 8.21　Web 输出页面

如果 Web 输出页面为 "Fail"，极有可能是用户授权失败。

8.2.5　业务上线

部署完成上述环境之后，业务就可以上线，对用户进行服务。业务上线需要两个先决条件，第一是供业务运行的服务器，第二是供用户访问的域名。

1．服务器

对刚参加工作的"小白"来说，对服务器的了解少之又少。接下来，将简单介绍关于服务器的相关知识。

服务器是计算机的一种，它比普通计算机运行更快、负载更高、价格更贵。服务器在网络中为其他客户端提供计算或者应用服务。服务器具有高速的 CPU 运算能力、长时间的可靠运行、强大的 I/O 外部数据吞吐能力以及更好的扩展性。一般来说，服务器都具备承担响应服务请求、承担服务、保障服务的能力。常见的服务器品牌有：惠普（HP）、浪潮、华为、思科（Cisco）、戴尔（Dell）等。企业中常用的服务器分为两种，一种是物理服务器，另一种是云服务器。

（1）物理服务器

一些规模较大的企业，为保证数据的安全，通常会有自己的 IDC 机房，用来放置自己的物理服务器。通常企业会将两套或多套相同的网站架构系统分别放置在异地 IDC 机房，目的是防止外界发生的事件对服务器造成事故，当其中一套系统发生事故时，另一套系统将继续为用户服务。

下面介绍 3 种常见的服务器类型。

① 塔式服务器。

塔式服务器是工作中较为常见的服务器类型，塔式服务器的外形结构和普通 PC 比较类似。塔式服务器尺寸没有统一标准。由于塔式服务器的机箱比较大，服务器的配置也可以很高，冗余扩展更可以很齐全，所以它的应用范围非常广，应该说目前使用率最高的一种服务器就是塔式服务器，如图 8.22 所示。

② 机架式服务器。

机架式服务器的外形不像计算机，而像交换机，有 1U（1U=1.75 英寸，1 英寸=2.54 厘米）、2U、4U 等规格。机架式服务器安装在标准的 19 英寸机柜里面，这种结构的服务器多为功能型服务器，如图 8.23 所示。

③ 刀片式服务器。

刀片式服务器是指在标准高度的机架式机箱内可插装多个卡式的服务器单元，是一种实现高可用高密度（High Avaimabimity High Density，HAHD）的低成本服务器平台，为特殊应用行业和高密度计算环境专门设计。刀片式服务器就像"刀片"一样，每一块"刀片"实际上就是一块系统主板，如图 8.24 所示。

图 8.22　塔式服务器

图 8.23　机架式服务器

图 8.24　刀片式服务器

（2）云服务器

云服务器（Elastic Compute Service，ECS），并非指服务器，而是一种简单、高效、安全性高、便于操作的一种计算服务。通过使用云服务器，可以减少企业的前期投资，无须购买硬件即可快速部署自己的网站架构。云服务器的出现，减少了开发难度，降低了运维成本，更适用于小型企业。

由于云服务器的种种优势，国内一些大型互联网企业都创建了自己的云服务，如阿里云、腾讯云、华为云、青云等。

购买公有云服务，需要通过相应的官方网站进行购买。首先需要注册官方网站的账户，再进行云服务器的规格选择，此处以阿里云为例，如图 8.25 所示。

图 8.25　规格选择

注意，当企业购买云服务器时，建议不要购买抢占式实例，这是由于抢占式实例随时可能被释放。对企业来说，购买包年包月的云服务器更合适。而对做实验的学生或老师来说，购买按量付费的云服务器更合适，完成实验后直接释放即可。

另外，公有云基本都针对企业中云服务器的不同应用类型，推出各类不同业务的云服务器产品，如数据库（RDS）、对象储存（OSS）、负载均衡（SLB）等，如图 8.26 所示。

图 8.26　阿里云产品分类

用户可以根据企业需要，选择并购买对应业务的云服务器。在这个基础上，用户还可以选择不同性能的云服务器。以阿里云云数据库 Redis 版为例，它分为标准版、集群版、读写分离版及性能增强版，如图 8.27 所示。

除此之外，公有云还为用户提供了各类安全产品，如阿里云的态势感知、云防火墙等，如图 8.28 所示。

总而言之，通过使用云服务器，运维工程师只需要在页面中根据业务需求购买相应的云服务即可。

图 8.27 阿里云云数据库 Redis 版性能分类

图 8.28 阿里云安全产品

2. 域名

客户端通过域名访问网站时，并不能根据域名直接找到相应的网站，而是先去公网解析域名。在域名注册商的网站有每个域名对应 IP 地址的详细记录，客户端根据查询到的 IP 地址找到对应的网站。

当企业刚刚创建完成一个网站时，必须注册一个域名。在国内，阿里云、腾讯云等都为用户提供了注册域名的服务，此处以阿里云为例，如图 8.29 所示。

图 8.29 阿里云域名注册

图 8.29 所示为阿里云的域名注册界面。当域名已被注册时，可以通过阿里云联系对方进行交易，但费用较高。原本万网是独立的域名注册商网站，后被阿里巴巴集团收购，成为阿里云旗下品牌。

域名注册完成之后，需要向域名注册商进行域名备案，才可以正常使用域名。所谓的域名备案是指向域名注册商提供企业信息，通过域名注册商的审核之后，再将域名与 IP 地址进行绑定。

3. 上传软件包

在企业中并不需要运维工程师去写代码，而需要将开发工程师写好的代码包部署在线上环境中，使其能够正常运行。

为了确保实验的顺利进行，此处通过 WordPress 包模拟需要上线的软件包，示例代码如下：

```
[root@nginx ~]# wget https://cn.wordpress.org/wordpress-4.7.2-zh_CN.tar.gz
[root@nginx ~]# tar xf wordpress-4.7.2-zh_CN.tar.gz
[root@nginx ~]# ls wordpress
index.php               wp-includes
license.txt             wp-links-opml.php
readme.html             wp-load.php
wp-activate.php         wp-login.php
wp-admin                wp-mail.php
wp-blog-header.php      wp-settings.php
wp-comments-post.php    wp-signup.php
```

```
wp-config-sample.php    wp-trackback.php
wp-content              xmlrpc.php
wp-cron.php
```

为保证业务正常上线，将之前的 PHP 页面删除，示例代码如下：

```
[root@nginx ~]# rm -rf /usr/share/nginx/html/index.php
```

然后，将软件包目录下所有文件备份到页面路径下，示例代码如下：

```
[root@nginx ~]# cp -rf /root/wordpress/* /usr/share/nginx/html
```

授予该路径相应的权限，示例代码如下：

```
[root@nginx ~]# chown -R nginx.nginx /usr/share/nginx/html/*
```

有了执行权限，业务就可以在线上运行。重启 Nginx 服务，即可访问该业务，如图 8.30 所示。

图 8.30　WordPress 首页

单击"现在就开始!"（通常非商业的应用需要手动连接数据库），填写数据库信息，如图 8.31 所示。

当填写数据库信息时，必须保证信息的真实性，否则将无法连接到数据库。提交之后，如果出现 wp-config.php 文件不可写，则需要根据页面提示手动创建相应的 PHP 文件，如图 8.32 所示。

图 8.31　信息设置页

图 8.32　文件不可写

复制页面中文件内容，在页面路径下创建 wp-config.php 文件，示例代码如下：

```
[root@nginx ~]# cat /usr/share/nginx/html/wp-config.php
<?php
/**
 * WordPress 基础配置文件
 *
 * 这个文件被安装程序用于自动生成 wp-config.php 配置文件
 * 您可以不使用网站，您需要手动复制这个文件
 * 并重命名为"wp-config.php"，然后填入相关信息
 *
 * 本文件包含以下配置选项
 *
 * * MySQL 设置
 * * 密钥
 * * 数据库表名前缀
 * * ABSPATH
 *
 * @link https://codex.wordpress.org/zh-cn:%E7%BC%96%E8%BE%91_wp-config.php
...
```

PHP 文件创建完成之后，返回网站页面单击"进行安装"，进入信息填写页面，如图 8.33 所示。

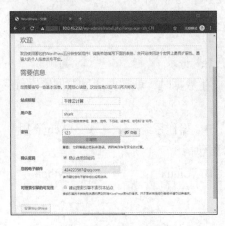

图 8.33 信息填写页面

在信息填写页面将网站信息与用户信息填写完成之后，单击"安装 WordPress"，正式开始安装软件包。

由此，业务上线成功。在生产环境中，如果业务进行了升级而无法运行，可能是环境也需要升级。升级环境之后，若仍不能正常运行，则可能是软件包与现有环境不兼容。

8.3 本章小结

本章讲解了动态网站的原理、网站组件、网站架构、搭建 LNMP 架构动态网站的方式以及业务上线的方式。通过本章的学习，读者应首先能够了解动态网站的概念与组成，其次能够熟悉 LNMP 架构的原理，最后能够熟练搭建出 LNMP 动态网站架构，并完成业务的上线。

8.4　习题

1．填空题

（1）动态网站的构建不仅需要页面设计，还需要_____与_____的支持来实现很多功能。

（2）动态网站可以处理动态请求，实现与用户的_____。

（3）网站组件是指构成网站架构的各个部分，包括_____与_____两个方面。

（4）通过对_____、_____、_____等多方面考虑设计出能够高效利用管理资源的网站框架，是身为一名合格运维工程师的必备技能。

（5）客户端对动态页面的请求必须由_____进行处理，导致动态网站的响应速度比静态网站慢许多。

2．选择题

（1）网站架构 LNMP 中的"N"表示（　　）。

　　A．Nginx　　　　　　B．Apache　　　　　　C．Java　　　　　　D．Oracle

（2）下列选项中，可以作为网站中间件的是（　　）。

　　A．MongoDB　　　　B．Nginx　　　　　　C．IIS　　　　　　D．Java

（3）CGI 既不属于 Web 服务器软件，也不属于中间件，而是一个独立的程序，用于在 Web 与中间件之间（　　）信息。

　　A．传递　　　　　　B．记录　　　　　　C．封锁　　　　　　D．控制

（4）当用户访问动态网站产生数据时，就需要通过数据库进行存储，由（　　）将数据写入数据库。

　　A．中间件　　　　　B．操作系统　　　　C．Web 应用　　　　D．运维人员

（5）网站架构 LNMP 中，不包括（　　）。

　　A．PHP　　　　　　B．Linux　　　　　　C．Python　　　　　D．IIS

3．简述题

（1）简述常见的网站组件。

（2）简述常见的网站架构。

4．操作题

搭建一个 LNMP 架构的动态网站，并完成业务上线。

09

第9章 交互式业务与PHP-FPM

本章学习目标

- 了解交互式业务的开发流程
- 熟悉 PHP-FPM 的配置方式
- 掌握 location 的匹配方式

交互式业务
与 PHP-FPM

无论是交互式业务，还是网站开发，都离不开中间件的配合。在动态网站中，中间件类似于一个窗口，是一个能给 Web 应用与数据库提供对话平台的机制，甚至网站的一些重要功能都需要依靠它来实现。本章将对动态网站中间件 PHP-FPM 及其相关内容进行详细讲解。

9.1　交互式业务

9.1.1　业务开发流程

通常一个网站的诞生是由"头脑风暴"中的一个想法开始的，根据一个想法，再绘制出设计蓝图。用户界面（User Interface，UI）工程师根据设计蓝图制作出相应的图形界面，并对各个部分进行美化，如页面排版、色调等。前端工程师将 UI 工程师制作完成的图形进行排版，并在页面中添加其他内容，如文本、超链接、对话框等，对页面进行装饰，类似于装修工人。后端工程师为软件插入中间件，如连接函数、插入函数等，服务于前端与数据库之间。然后，将每个工程师写好的代码进行连接，再由数据库管理工程师（Database Administrator，DBA）实现数据库的写入。此时，一个网站已经初步开发完成，还需要通过软件测试工程师（Software Testing Engineer）对软件的各方面进行测试，如功能性、安全性、稳定性等。测试通过之后，将软件包交由运维工程师进行业务上线。此时网站不会对所有用户开放使用，而是先召集部分用户进行内测，内测之后再由运营人员进行公测推广，最后业务才正式上线。

下面简单介绍产品研发主要人员，如表 9.1 所示。

表 9.1	产品研发主要人员
人员	说明
UI 工程师	制图
前端工程师	页面布局
后端工程师	插入中间件
数据库管理工程师	数据库写入
软件测试工程师	交户测试
运维工程师	业务上线，维护业务运行

9.1.2 交互示例

下面将通过示例模拟交互式产品的上线流程。

1. 制图

找任意一张图模拟 UI 工程师制作完成的图片，上传至服务器并授予其权限，示例代码如下：

```
[root@nginx qf]# rz
[root@nginx qf]# chmod 544 jh.jpg
```

2. 页面布局

有了图形资源，前端工程师就可以进行页面装饰，示例代码如下：

```
[root@nginx qf]# cat /qf/qf.html
<html>
<head>
<title>千锋</title>
    <meta http-equiv="Content-Type" content="text/html"; charset="utf-8">
</head>
<center>
<h3>千锋教育</h3>
<body>
<img src='jh.jpg'> </br></br>
<form action="insert.php" method="post">
姓名：<input type="text" name="name" />
年龄：<input type="text" name="age" />
民族：<input type="text" name="nation" />
<input type="submit" value="报名"/>
</center>
</form>
</body>
</html>
```

下面对上述示例中的参数进行详细介绍：

- <center>表示居中格式，在该标签中的内容都会以居中格式显示出来；
- action="insert.php"表示指定连接数据库的中间件程序；
- method="post"表示 PHP 以 "post" 的形式与数据库交互。

页面文件创建完成后，访问 Web 界面，如图 9.1 所示。

图 9.1　Web 界面

此时的页面已经可以基本呈现出来，但这只是一个单纯的页面，并不能提交数据。

3. 插入中间件

接下来，插入与数据库对接的中间件，示例代码如下：

```
[root@nginx qf]# vim insert.php
<?php
$con = mysql_connect("10.0.45.223","root","123");
if (!$con)
  {
  die('Could not connect: ' . mysql_error());
  }

mysql_select_db("my_db", $con);
$sql="INSERT INTO Persons (FirstName, LastName, Age)
VALUES
('$_POST[firstname]','$_POST[lastname]','$_POST[age]')";

if (!mysql_query($sql,$con))
  {
  die('Error: ' . mysql_error());
  }
echo "1 record added";

mysql_close($con)
?>
```

上述示例是用于连接数据库的 PHP 文件，通过文件中写入的数据库类型、IP 地址、用户名、数据库密码等信息对数据库进行连接。

4. 数据库写入

数据库与表的创建名称与内容都必须与开发工程师、前端工程师进行沟通，并保持一致，示例代码如下：

```
[root@nginx ~]# mysql -uroot -p123
mysql: [Warning] Using a password on the command line interface can be insecure.
Welcome to the MySQL monitor.  Commands end with ; or \g.
Your MySQL connection id is 3
Server version: 5.7.28 MySQL Community Server (GPL)
```

```
Copyright (c) 2000, 2019, Oracle and/or its affiliates. All rights reserved.

Oracle is a registered trademark of Oracle Corporation and/or its
affiliates. Other names may be trademarks of their respective
owners.

Type 'help;' or '\h' for help. Type '\c' to clear the current input statement.

#创建数据库
mysql> create database my_db;

Query OK, 1 row affected (0.00 sec)

#使用数据库
mysql> use my_db;
Reading table information for completion of table and column names
You can turn off this feature to get a quicker startup with -A

Database changed

#查看数据库
mysql> show tables;
+-----------------+
| Tables_in_my_db |
+-----------------+
| Persons         |
+-----------------+
1 row in set (0.00 sec)

#创建表
mysql>  create table Persons (FirstName varchar(50), LastName varchar(50),Age in
t );
Query OK, 0 rows affected (0.00 sec)

#授予用户管理权限，在生产环境中只给管理员授权
mysql>  grant all on *.* to root@'10.0.45.223' identified by '123';
Query OK, 0 rows affected, 1 warning (0.00 sec)

#查看表内容
mysql> select * from Persons;
Empty set (0.00 sec)

mysql> \q
Bye
```

上述示例中，数据库名、密码与 PHP 文件中的相同。另外，创建表的内容与页面文件中的内容一致。注意，在生产环境中给用户授权时，考虑到数据安全问题，只给数据库管理员授权。

5. 交互测试

将业务上线之后，即可进行交互测试。在页面对话框中填入相关信息，并单击"报名"按钮，提交结果如图 9.2 所示。

图9.2 提交结果

页面中显示"1 record added"时，表示信息提交成功。

返回终端数据库确认数据已提交，示例代码如下：

```
[root@nginx ~]# mysql -uroot -p123
#使用数据库
mysql> use my_db;
Reading table information for completion of table and column names
You can turn off this feature to get a quicker startup with -A

Database changed

mysql> select * from Persons;
+-----------+----------+------+
| FirstName | LastName | Age  |
+-----------+----------+------+
| qianfeng  | xiaoqian |  18  |
+-----------+----------+------+
1 row in set (0.00 sec)
mysql> \q
Bye
```

6. 前端输出

当用户需要查看输出到后端的数据时，中间件就从数据库调出数据，并将数据输出到前端。下面将配置调用数据库的 PHP 文件，示例代码如下：

```
[root@nginx qf]# cat select.php
<?php
$con = mysql_connect("localhost","root","123");
if (!$con)
  {
  die('Could not connect: ' . mysql_error());
  }

mysql_select_db("my_db", $con);

$result = mysql_query("SELECT * FROM Persons");

echo "<table border='1'>
<tr>
<th>Firstname</th>
<th>Lastname</th>
</tr>";

while($row = mysql_fetch_array($result))
  {
  echo "<tr>";
```

149

```
    echo "<td>" . $row['FirstName'] . "</td>";
    echo "<td>" . $row['LastName'] . "</td>";
    echo "</tr>";
    }
echo "</table>";

mysql_close($con);
?>
```

上述示例中，创建了一个可以调用数据库信息的 PHP 文件。在文件中配置了数据库的 IP 地址、用户及密码，PHP 根据这些信息去连接数据库，如果连接失败则报错。连接完成之后，PHP 再去查询 my_db 数据库，查询语句为 SELECT * FROM Persons。将查询到的 Firstname 与 Lastname 以一个表格的形式输出。最后，关闭与数据库的连接。

调用文件配置完成之后，通过浏览器访问该文件即可查询数据，如图 9.3 所示。

图 9.3　查询结果

从图 9.3 中可以看到，用户已经成功查询到数据库信息。

9.2　PHP-FPM 详解

通过 8.2 节与 8.3 节的学习，了解了 PHP 在动态网站中作为一个中间件存在。但 PHP 本身不仅可以作为网站的中间件，还可以作为一门编程语言编写一些程序。由于 PHP 强大的功能，所以才被动态网站作为中间件。

9.2.1　FastCGI

PHP 作为动态网站的中间件之后，为动态网站的交互提供了更加优秀的 CGI，即 FastCGI。

传统 CGI 的工作方式是每当一个请求需要 CGI 进行处理时，Web 服务器软件就通过操作系统调用 CGI 创建一个进程。当请求处理完成后，就退出该进程，一个请求对应一个进程。当遇到高并发时，CGI 就处于不断创建进程的状态，工作效率低，容易造成服务器响应延迟。

FastCGI 作为 CGI 的改良版，解决了 CGI 工作性能上的问题。FastCGI 通过一个进程管理器，管理进程池中的进程，减小了创建进程的压力，提高了工作效率。目前 FastCGI 已经被广泛应用，而 PHP-FPM 就是 PHP 的 FastCGI 进程管理器。

FastCGI 为 Nginx 的 ngx_fastcgi_modul 模块与数据库提供了更加稳定、可靠的接口。CGI 与 FastCGI 的关系如同两相插头与三相插头的关系。最初人们生活中常见的就是两相插头，后来为增加安全性，在两相插头的基础上接入地线，由此三相插头诞生。

插头的作用是将电源与电器进行连接，使二者接通并能够进行交互。FastCGI 同样起到连接的作用，并可以使 Web 服务器软件与数据库进行交互。

9.2.2　了解配置文件

要了解一款应用，必然需要先了解它的配置文件。下面将讲解一些关于 PHP-FPM 的配置文件。

1. 核心配置文件

PHP-FPM 的核心配置文件在/etc/php.ini 中，这是一个有着上千行代码的配置文件。运维工程师通常会在 php.ini 文件中调整时区、文件打开权限等，示例代码如下：

```
[root@nginx ~]# cat /etc/php.ini
[PHP]

;;;;;;;;;;;;;;;;;;;;;
; About php.ini   ;
;;;;;;;;;;;;;;;;;;;;;
; PHP's initialization file, generally called php.ini, is responsible for
; configuring many of the aspects of PHP's behavior.

; PHP attempts to find and load this configuration from a number of locations.
; The following is a summary of its search order:
; 1. SAPI module specific location.
; 2. The PHPRC environment variable. (As of PHP 5.2.0)
; 3. A number of predefined registry keys on Windows (As of PHP 5.2.0)
; 4. Current working directory (except CLI)
; 5. The web server's directory (for SAPI modules), or directory of PHP
; (otherwise in Windows)
; 6. The directory from the --with-config-file-path compile time option, or the
; Windows directory (C:\windows or C:\winnt)
; See the PHP docs for more specific information.
; http://php.net/configuration.file

; The syntax of the file is extremely simple.  Whitespace and lines
; beginning with a semicolon are silently ignored (as you probably guessed).
; Section headers (e.g. [Foo]) are also silently ignored, even though
; they might mean something in the future.

; Directives following the section heading [PATH=/www/mysite] only
; apply to PHP files in the /www/mysite directory.  Directives
; following the section heading [HOST=www.example.com] only apply to
; PHP files served from www.example.com.  Directives set in these
...
```

在如此庞大的配置文件中修改配置时，需要通过 Vim 查询找到相关配置。

（1）配置时区

下面通过查询 timezone 找到时区的相关配置，示例代码如下：

```
[root@nginx ~]# vim /etc/php.ini
...
[Date]
; Defines the default timezone used by the date functions
; http://php.net/date.timezone
;date.timezone =
...
```

上述示例中，[Date]是配置文件中的标识，表示下面是关于时间的配置。当没有配置时区时，PHP 使用默认的时区，当配置时区时，删除前面的 ";"，并在 date.timezone =后方填入相应的时区即可。

（2）文件打开权限

为 PHP-PFM 配置文件打开权限，并不是为了限制其他程序，而是为了限制 PHP-PFM 自身的权限。PHP-PFM 本身可以替代一些人工操作，如打开文件、复制文件等。考虑到安全问题，运维工程师需要给 PHP-PFM 做一些限制，并不是所有文件都允许 PHP-PFM 进行操作，示例代码如下：

```
[root@nginx ~]# vim /etc/php.ini
...
; open_basedir, if set, limits all file operations to the defined directory
; and below.  This directive makes most sense if used in a per-directory
; or per-virtualhost web server configuration file. This directive is
; *NOT* affected by whether Safe Mode is turned On or Off.
; http://php.net/open-basedir
;open_basedir =
...
```

上述示例是 PHP-PFM 核心配置文件中关于文件打开权限的配置，用于限制 PHP-PFM 的文件打开权限。在配置时，将允许 PHP-PFM 打开的文件填入 open_basedir =后方即可。

（3）上传文件的大小限制

为防止文件太大造成安全事故，PHP 还可以限制自身向数据库上传文件的大小，示例代码如下：

```
[root@nginx ~]# vim /etc/php.ini
...
; Maximum size of POST data that PHP will accept.
; Its value may be 0 to disable the limit. It is ignored if POST data reading
; is disabled through enable_post_data_reading.
; http://php.net/post-max-size
post_max_size = 8M
...
```

上述示例是 PHP-PFM 核心配置文件中关于文件上传大小限制的配置，用于限制 PHP-PFM 上传文件的大小。在配置时，将允许 PHP-PFM 上传文件大小上限填入 post_max_size =后方即可。

2. 全局配置文件

PHP-PFM 的全局配置文件中的内容不仅是关于 PHP-PFM 本身功能的配置，还是关于 PHP-PFM 与其他程序交互的配置，示例代码如下：

```
[root@nginx ~]# cat /etc/php-fpm.conf
;;;;;;;;;;;;;;;;;;;;;
; FPM Configuration ;
;;;;;;;;;;;;;;;;;;;;;

; All relative paths in this configuration file are relative to PHP's install
; prefix.

; Include one or more files. If glob(3) exists, it is used to include a bunch of
; files from a glob(3) pattern. This directive can be used everywhere in the
; file.
```

```
include=/etc/php-fpm.d/*.conf

;;;;;;;;;;;;;;;;;;
; Global Options ;
;;;;;;;;;;;;;;;;;;

[global]
; Pid file
; Default Value: none
pid = /run/php-fpm/php-fpm.pid

; Error log file
; Default Value: /var/log/php-fpm.log
error_log = /var/log/php-fpm/error.log

; Log level
; Possible Values: alert, error, warning, notice, debug
; Default Value: notice
;log_level = notice

; If this number of child processes exit with SIGSEGV or SIGBUS within the time
; interval set by emergency_restart_interval then FPM will restart. A value
; of '0' means 'Off'.
; Default Value: 0
;emergency_restart_threshold = 0

; Interval of time used by emergency_restart_interval to determine when
; a graceful restart will be initiated.  This can be useful to work around
; accidental corruptions in an accelerator's shared memory.
; Available Units: s(econds), m(inutes), h(ours), or d(ays)
; Default Unit: seconds
; Default Value: 0
;emergency_restart_interval = 0

; Time limit for child processes to wait for a reaction on signals from master.
; Available units: s(econds), m(inutes), h(ours), or d(ays)
; Default Unit: seconds
; Default Value: 0
;process_control_timeout = 0

; Send FPM to background. Set to 'no' to keep FPM in foreground for debugging.
; Default Value: yes
daemonize = no

;;;;;;;;;;;;;;;;;;;;;
; Pool Definitions ;
;;;;;;;;;;;;;;;;;;;;;

; See /etc/php-fpm.d/*.conf
```

上述示例是 **PHP-PFM** 的全局配置文件，虽然没有核心配置文件那么丰富，但其中也有许多需要运维工程师去了解的配置。下面将介绍 4 种全局配置文件中常见的配置，示例如下。

（1）PID 路径

```
pid = /run/php-fpm/php-fpm.pid
```

上述示例中的代码用于配置存储 PID 文件的路径。

（2）错误日志路径

```
error_log = /var/log/php-fpm/error.log
```

上述示例中的代码用于配置存储错误日志文件的路径。

（3）日志等级

```
log_level = notice
```

上述示例中的代码用于配置日志的等级，共分为 6 个等级，分别为必须立即处理（alert）、错误情况（error）、警告情况（warning）、一般重要信息（notice）、调试信息（debug）、通知信息（notice）。

（4）后台运行

```
daemonize = no
```

上述示例中的代码用于配置是否允许 PHP-PFM 程序在后台运行。

3. 扩展配置文件

PHP-PFM 的扩展配置文件中的内容是关于动态网站的配置，其中包含了与 Web 服务对接的配置，示例代码如下：

```
[root@nginx ~]# cat /etc/php-fpm.d/www.conf
; Start a new pool named 'www'.
[www]

; The address on which to accept FastCGI requests.
; Valid syntaxes are:
;   'ip.add.re.ss:port'    - to listen on a TCP socket to a specific address on
;                            a specific port;
;   'port'                 - to listen on a TCP socket to all addresses on a
;                            specific port;
;   '/path/to/unix/socket' - to listen on a unix socket.
; Note: This value is mandatory.
listen = 127.0.0.1:9000

; Set listen(2) backlog. A value of '-1' means unlimited.
; Default Value: -1
;listen.backlog = -1

; List of ipv4 addresses of FastCGI clients which are allowed to connect.
; Equivalent to the FCGI_WEB_SERVER_ADDRS environment variable in the original
; PHP FCGI (5.2.2+). Makes sense only with a tcp listening socket. Each address
; must be separated by a comma. If this value is left blank, connections will be
; accepted from any ip address.
; Default Value: any
listen.allowed_clients = 127.0.0.1

; Set permissions for unix socket, if one is used. In Linux, read/write
; permissions must be set in order to allow connections from a web server. Many
; BSD-derived systems allow connections regardless of permissions.
; Default Values: user and group are set as the running user
;                 mode is set to 0666
```

```
;listen.owner = nobody
...
```

上述示例是 PHP-PFM 的扩展配置文件，这并不是 PHP-PFM 本身的配置文件，而是它做了动态网站中间件之后的配置。下面将介绍几种 PHP-PFM 扩展配置文件在工作中的常用配置。

（1）用户与组

用户与组的配置是 PHP-PFM 扩展文件中的基础配置，示例代码如下：

```
user = nginx
; RPM: Keep a group allowed to write in log dir.
group = nginx
```

（2）访问 FastCGI 进程

为 PHP-FPM 配置一个或多个允许访问 FastCGI 进程的 Web 服务器，用于联通 Web 服务器与中间件，示例代码如下：

```
; List of ipv4 addresses of FastCGI clients which are allowed to connect.
; Equivalent to the FCGI_WEB_SERVER_ADDRS environment variable in the original
; PHP FCGI (5.2.2+). Makes sense only with a tcp listening socket. Each address
; must be separated by a comma. If this value is left blank, connections will be
; accepted from any ip address.
; Default Value: any
listen.allowed_clients = 127.0.0.1
```

上述示例中，127.0.0.1 表示本地的 IP 地址。由于 Default Value 的配置是 any，所以在不设置任何 IP 地址的情况下，则默认允许所有 Web 服务器访问 FastCGI 进程。如果需要配置多台服务器的 IP 地址，每个 IP 地址之间需要通过逗号分隔开，并且必须设置本地可被访问的 IP 地址。

（3）PHP-FPM 监听端口

PHP-FPM 支持与其他服务器上的应用对接，所以它需要监听一个端口，并且允许用户自定义端口号，示例代码如下：

```
; The address on which to accept FastCGI requests.
; Valid syntaxes are:
;   'ip.add.re.ss:port'   - to listen on a TCP socket to a specific address on
;                           a specific port;
;   'port'                - to listen on a TCP socket to all addresses on a
;                           specific port;
;   '/path/to/unix/socket' - to listen on a unix socket.
; Note: This value is mandatory.
listen = 127.0.0.1:9000
```

上述示例是 PHP-FPM 监听端口的说明与配置。PHP-FPM 的监听端口，也就是在 Web 服务中 PHP-FPM 处理请求的地址，默认为 9000。

（4）动态进程管理

当一个网站只配置固定数量的进程处理请求时，这些进程叫作静态进程。动态进程是指进程的数量根据服务器端收到的请求数量变化而变化，请求越多进程数量越多，请求越少进程数量越少。

① 进程管理开启。

关于开启动态进程管理的配置，示例代码如下：

```
; Choose how the process manager will control the number of child processes.
; Possible Values:
;   static  - a fixed number (pm.max_children) of child processes;
;   dynamic - the number of child processes are set dynamically based on the
;             following directives:
;             pm.max_children      - the maximum number of children that can
;                                    be alive at the same time.
;             pm.start_servers     - the number of children created on startup.
;             pm.min_spare_servers - the minimum number of children in 'idle'
;                                    state (waiting to process). If the number
;                                    of 'idle' processes is less than this
;                                    number then some children will be created.
;             pm.max_spare_servers - the maximum number of children in 'idle'
;                                    state (waiting to process). If the number
;                                    of 'idle' processes is greater than this
;                                    number then some children will be 'killed'.
; Note: This value is mandatory.
pm = dynamic
```

上述示例中，pm = dynamic 是开启动态进程管理的配置，其他代码都是对该配置的说明。使用动态进程管理，则为 "pm = dynamic"，使用静态进程管理，则为 "pm = static"。

② 最初进程数。

最初进程数即为刚开启 PHP-FPM 时所产生的进程数量，示例代码如下：

```
; The number of child processes created on startup.
; Note: Used only when pm is set to 'dynamic'
; Default Value: min_spare_servers + (max_spare_servers - min_spare_servers) / 2
pm.start_servers = 5
```

从上述示例中可以看到，PHP-FPM 默认的最初进程数是 5 个。

③ 多余最少进程数。

多余最少进程数是指除正在处理请求的进程外的空闲进程数量。当收到后续的请求时，就可以使用空闲进程，不用先复制进程。如此不仅节省服务器端响应时间，还带来流畅的用户体验，示例代码如下：

```
; The desired minimum number of idle server processes.
; Note: Used only when pm is set to 'dynamic'
; Note: Mandatory when pm is set to 'dynamic'
pm.min_spare_servers = 5
```

从上述示例中可以看到，PHP-FPM 默认的多余最少进程数是 5 个。

④ 最大进程数。

最大进程数是指 PHP-FPM 最多产生的子进程数，示例代码如下：

```
; The number of child processes to be created when pm is set to 'static' and the
; maximum number of child processes to be created when pm is set to 'dynamic'.
; This value sets the limit on the number of simultaneous requests that will be
; served. Equivalent to the ApacheMaxClients directive with mpm_prefork.
; Equivalent to the PHP_FCGI_CHILDREN environment variable in the original PHP
; CGI.
; Note: Used when pm is set to either 'static' or 'dynamic'
; Note: This value is mandatory.
pm.max_children = 50
```

从上述示例中可以看到，PHP-FPM 默认的最大进程数是 50 个。

⑤ 最大多余进程数。

最大多余进程数是指在高并发之后，大量客户端与服务器端断开连接，允许 PHP-FPM 存在的子进程数，示例代码如下：

```
; The desired maximum number of idle server processes.
; Note: Used only when pm is set to 'dynamic'
; Note: Mandatory when pm is set to 'dynamic'
pm.max_spare_servers = 35
```

从上述示例中可以看到，PHP-FPM 默认的最大多余进程数是 35 个。

⑥ 响应请求数。

响应请求数是指每个 PHP 进程能够响应的请求数量。当到达这个数量之后，该进程将被释放，示例代码如下：

```
; The number of requests each child process should execute before respawning.
; This can be useful to work around memory leaks in 3rd party libraries. For
; endless request processing specify '0'. Equivalent to PHP_FCGI_MAX_REQUESTS.
; Default Value: 0
pm.max_requests = 500
```

从上述示例中可以看到，PHP-FPM 默认的响应请求数是 500 个。

9.2.3 配置 PHP-FPM

在实际工作中，PHP-FPM 需要的配置可能会与默认配置有所不同。下面将以示例的方式讲解 PHP-FPM 的常见配置方式，具体配置值需要用户结合实际情况进行配置。

首先，查看 PHP-FPM 的进程，示例代码如下：

```
[root@nginx ~]# ps aux |grep php
root      6823  0.0  1.0 278720 10948 ?        Ss   23:08   0:00 php-fpm: master
process (/etc/php-fpm.conf)
apache    6862  0.0  0.5 278720  5084 ?        S    23:08   0:00 php-fpm: pool www
apache    6863  0.0  0.5 278720  5084 ?        S    23:08   0:00 php-fpm: pool www
apache    6864  0.0  0.5 278720  5088 ?        S    23:08   0:00 php-fpm: pool www
apache    6865  0.0  0.5 278720  5088 ?        S    23:08   0:00 php-fpm: pool www
apache    6866  0.0  0.5 278720  5088 ?        S    23:08   0:00 php-fpm: pool www
root     55410  0.0  0.0 112708   976 pts/0    R+   23:54   0:00 grep --color=auto
 php
```

从上述示例中可以看到，PHP-FPM 共启动了 7 个进程，包括 1 个主进程与 6 个子进程。其中，6 个子进程中有一个是查询命令刚刚调用的，所以 PHP-FPM 的最初子进程数是 5 个，与默认配置一致。

然后，开始配置 PHP-FPM 扩展配置文件，示例代码如下：

```
[root@nginx ~]# cat /etc/php-fpm.d/www.conf
...
pm = dynamic
...
pm.start_servers = 32
...
```

```
pm.max_children = 512
...
pm.min_spare_servers = 32
...
pm.max_spare_servers = 64
...
pm.max_requests = 1500
...
```

上述示例中，启动了 PHP-FPM 的动态管理模式，最初子进程数是 32。最大子进程数被配置为 512，该配置是在服务器内存大于 16GB 的前提下。随着访问网站的用户增加，PHP-FPM 保持 32 个空闲子进程；随着用户减少，PHP-FPM 又将释放大量子进程。每个子进程处理的请求数默认为 1024，此处配置为 1500。

PHP-FPM 最大子进程数的配置与服务器内存有很大关系。通常一个进程占用 10MB～40MB 内存。假设一个进程占用 25MB，并将 10GB 的内存分配给 PHP-FPM 子进程。那么 max_children= 10GB/25MB=409，所以该配置可以被估算出来。

配置完成 PHP-FPM 的扩展配置文件之后，需要重启 PHP-FPM 才可以更新配置，示例代码如下：

```
[root@nginx ~]# systemctl restart php-fpm
```

配置生效之后，再次查看 PHP-FPM 的子进程，示例代码如下：

```
[root@nginx ~]# ps aux |grep php
root       6820  0.0  1.2 280572 12816 ?        Rs   23:48   0:00 php-fpm: master
process (/etc/php-fpm.conf)
apache     6927  0.0  0.4 280572  4876 ?        S    23:48   0:00 php-fpm: pool www
apache     6928  0.0  0.4 280572  4876 ?        S    23:48   0:00 php-fpm: pool www
apache     6929  0.0  0.4 280572  4880 ?        S    23:48   0:00 php-fpm: pool www
apache     6930  0.0  0.4 280572  4880 ?        S    23:48   0:00 php-fpm: pool www
...
apache     6957  0.0  0.5 280572  5088 ?        S    23:48   0:00 php-fpm: pool www
apache     6958  0.0  0.5 280572  5088 ?        S    23:48   0:00 php-fpm: pool www
root      17338  0.0  0.0 112708   976 pts/0    R+   23:58   0:00 grep --color=auto
 php
```

从上述示例中可以看到，除 PHP-FPM 主进程与命令行进程外，共 32 个子进程，每个子进程的进程号都不同，说明配置已生效。

9.2.4　监控页面

作为运维工程师，拥有着管理服务器的权限。但无论是谁，都不能直接给予其 root 用户权限，也就是最高权限。当其他参与网站开发的同事需要查看 PHP-FPM 的状态时，可以创建一个监控页面供其查看。

1. 启动功能

在 PHP-FPM 的扩展配置文件中添加配置，即可启动监控页面功能，示例代码如下：

```
[root@nginx ~]# cat /etc/php-fpm.d/www.conf
...
;pm.status_path = /php_status
...
```

上述示例中，已经开启了 PHP-FPM 的状态监控页面功能。

2. 配置页面

开启状态监控页面功能之后，需要配置相关的页面，使用户能够通过浏览器进行访问，示例代码如下：

```
[root@nginx ~]# cat /etc/nginx/conf.d/default.conf
server {
location = /php_status {
fastcgi_pass 127.0.0.1:9000;
fastcgi_param SCRIPT_FILENAME $fastcgi_script_name;
include fastcgi_params;
}
}
```

上述示例中，配置了文件/php_status 的定位，但此处的定位并不是指文件路径，而是将请求进行转发。此处将请求转发给了本地 IP 地址的 9000 端口，也就是交给 PHP-FPM 进行处理。fastcgi_param 是指 URL 中的 php_status 文件名称保持不变。include fastcgi_params 引用了常用变量所在的文件。

配置完成之后，需要重启 Nginx 服务与 PHP-FPM，示例代码如下：

```
[root@nginx ~]# systemctl restart nginx php-fpm
```

3. 访问状态

重启服务之后，用户就可以访问到 PHP-FPM 的状态监控页面，如图 9.4 所示。

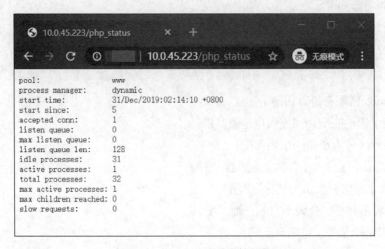

图 9.4 PHP-FPM 状态监控页面

下面对图 9.4 中的状态信息进行详细介绍。

- pool 表示 PHP-FPM 工作池的名称，大多数为 www。
- process manager 表示进程管理方式。
- start time 表示启动时间，如果重启了 PHP-FPM，时间就会更新。
- start since 表示运行时长。
- accepted conn 表示当前工作池接收的请求数。
- listen queue 表示请求等待队列。如果这个值不为 0，就要增加 FPM 的进程数量。

- max listen queue 表示请求等待队列最大的数量。
- listen queue len 表示套接字等待队列长度。
- idle processes 表示空闲进程数量。
- active processes 表示活跃进程数量。
- total processes 表示总进程数量。
- max active processes 表示最大的活跃进程数量（从 PHP-FPM 启动开始计算）。
- max children reached 表示进程最大数量限制的次数。如果这个数量不为 0，那说明配置中的最大进程数量偏小，可以修改得大一些。
- slow requests 表示启用了 php-fpm slow-log。

从图 9.4 中可以看出，状态监控页面显示的信息都是之前对 PHP-FPM 扩展配置文件的配置。

9.3　Nginx location

9.3.1　理论

location 在 Nginx 的运用中十分常见，它可以将网站的不同部分定位到不同的处理方式，通常用于定义网站根目录、定义网站页面等。甚至网站中的一些页面需要特殊设置，都可以通过 location 完成。

location 具体语法如下：

```
location [=|~|~*|!~|!~*|^~] /URL/ {
        module;
        module;
}
```

下面对 location 匹配符进行讲解。

- "="表示精确匹配，优先级也是最高的。
- "~"表示区分大小写的正则匹配。
- "~*"表示不区分大小写的正则匹配。
- "!~"表示非区分大小写的正则匹配。
- "!~*"表示非不区分大小写的正则匹配。
- "^~"表示以某些字符串开头。
- "/"表示通用匹配，任何请求都会匹配。

以上匹配符的优先级如下：

```
"=" > "^~" >"~" "~*" "!~" "!~*" > "/"
```

同样可以理解为，精确匹配>字符串开头>正则匹配>通用匹配。

9.3.2　验证

下面将通过配置不同的匹配符，观察各符号的优先级。

在安装 Nginx 的服务器中修改配置，示例代码如下：

```
[root@nginx ~]# cat /etc/nginx/nginx.conf
http {
    #include /etc/nginx/conf.d/*.conf;
    include /etc/nginx/conf.d/qianfeng.conf;
}
[root@nginx ~]# cat /etc/nginx/conf.d/qianfeng.conf
server {
        listen 80;
        root /qianfeng;
        index   index.html;
location = / { index a.html; }
location ~ / { index b.html; }
location   / { index c.html; }
}
[root@nginx ~]# systemctl restart nginx
```

上述示例中，给网站配置了 3 个 location，分别使用了 "=" "~" "/"，并对应 3 个不同的页面文件。

下面将为 3 个页面文件配置不同的内容，示例代码如下：

```
[root@nginx ~]# cat /qianfeng/a.html
= a.html
[root@nginx ~]# cat /qianfeng/b.html
- b.html
[root@nginx ~]# cat /qianfeng/c.html
c.html
```

配置完成之后，通过浏览器对网站进行访问，如图 9.5 所示。

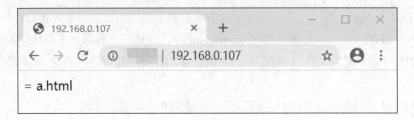

图 9.5 访问结果 1

从图 9.5 中可以看到，用户直接访问的是使用了 "=" 的网站页面，说明 "=" 的优先级最高。

下面对关于 "=" 的网站页面配置进行注释，并重启 Nginx 服务，示例代码如下：

```
[root@nginx ~]# cat /etc/nginx/conf.d/qianfeng.conf
server {
...
#location = / { index a.html; }
...
}
[root@nginx ~]# systemctl restart nginx
```

配置完成之后，再次访问网站，如图 9.6 所示。

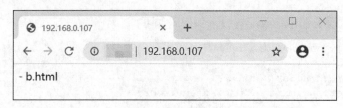

图 9.6　访问结果 2

从图 9.6 中可以看到，对关于"="的网站页面配置进行注释之后，用户便可以直接访问到关于"~"的网站页面，说明"~"的优先级要高于"/"。

关于"/"的网站页面只能够再对关于"~"的网站页面配置进行注释之后，才能够被用户访问到。

9.4　本章小结

本章讲解了交互式业务的开发流程、交互示例、PHP-FPM 原理配置以及 location 匹配规则。通过本章的学习，读者应首先能够了解交互式业务开发的大致流程，其次能够熟悉 PHP-FPM 在交互式业务中的作用与相关配置，最后能够掌握 Nginx 网站中的 location 匹配规则。

9.5　习题

1．填空题

（1）PHP 作为动态网站的中间件之后，为动态网站的交互提供了更加优秀的 CGI，即_____。

（2）FastCGI 为 Nginx 的_____模块与数据库提供了更加稳定、可靠的接口。

（3）PHP-FPM 的_____配置文件在/etc/php.ini 中，这是一个有着上千行代码的配置文件。

（4）为 PHP-PFM 配置文件打开权限，并不是为了限制其他程序，而是为了限制_____的权限。

（5）PHP-FPM 全局配置文件中日志的等级，总分为 6 个等级，分别_____、_____、_____、_____、_____、_____。

2．选择题

（1）下列选项中，属于 PHP-FPM 所使用的 CGI 为（　　　）。
　　A．Default Value　　　B．FastCGI　　　C．Firstname　　　D．fastcgi_param

（2）location 匹配符中，表示精确匹配的是（　　　）。
　　A．=　　　　　　　　B．~　　　　　　　C．/　　　　　　　D．~*

（3）PHP-FPM 的配置文件中，关于网站的配置文件是（　　　）。
　　A．核心配置文件　　　　　　　　　　B．扩展配置文件
　　C．全局配置文件　　　　　　　　　　D．主配置文件

（4）当一个网站只配置固定数量的进程处理请求时，这些进程叫作（　　　）。
　　A．子进程　　　　　B．动态进程　　　C．主进程　　　D．静态进程

（5）当其他同事需要查看 PHP-FPM 的状态时，较为适当的做法是（　　）。

    A. 访问状态监控页面　　　　　　　B. 登录服务器查看

    C. 给予其 root 用户　　　　　　　　D. 禁止查看

3. 简述题

（1）简述 FastCGI 的作用。

（2）简述各 location 匹配符的含义。

4. 操作题

创建一个动态网站，并保证用户能够访问到 PHP-FPM 的监控页面。

第 10 章 Nginx 重写

10

Nginx 重写

用户访问网站时可能会发现，最后访问到的网站与之前在浏览器中输入的 URL 不同，在与服务器端产生连接时发生了变化，这种现象被叫作 URL 重写。服务器端通过改变 URL 的方式，引导客户端成功访问到正确的页面。Nginx 重写模块恰好起到了改变 URL 的作用，对客户端中的 URL 进行重写。本章将对 Nginx 重写模块功能与 URL 重写的实现方式进行详细讲解。

10.1 Nginx 重写理论

10.1.1 重写概念

URL 重写常见的应用是 URL 伪静态化，是将动态页面显示为静态页面的一种技术。例如，http://www.123.com/news/index.php?id=123 使用 URL 重写转换后可以显示为 http://www.123.com/news/123.html。

理论上，搜索引擎更欢迎静态页面形式的网页，搜索引擎对静态页面的评分一般要高于动态页面。所以，URL 重写可以让网站的网页更容易被搜索引擎收录。

从安全角度上讲，如果在 URL 中暴露太多的参数，无疑会造成一定量的信息泄露，可能会被一些黑客利用，对系统造成一定的破坏，所以静态化的 URL 可以带来更高的安全性。

URL 重写可以实现网站地址跳转，例如，当用户访问 http://www.mobiletrain.org/ 的 80 端口时，将其跳转到 443 端口，如图 10.1 所示。

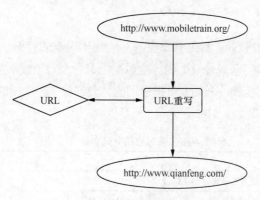

图 10.1　Web 界面

从图 10.1 中可以看到，原来的 URL 通过 URL 重写变成了新的 URL。

10.1.2　相关命令

启用 Nginx 重写功能之后，用户可以通过 if 语句、条件判断以及全局变量对重写进行配置。以下对 3 种常用命令进行详细介绍。

1．if 语句

if 语句是 C 语言、C#等编程语言中常见的判断语句，用于判断实际情况是否满足给定条件，根据不同的判断结果执行不同的操作。

if 语句语法如下：

```
Syntax: if (condition) { … }
Context: server, location
```

2．条件判断

条件判断在 Nginx 重写中用于判断 URL 的匹配方式、页面文件的定位等，具体如表 10.1 所示。

表 10.1　　　　　　　　　　　　　常用条件判断

条件	说明
~*	正则匹配（不区分大小写）
!~	非正则匹配（区分大小写）
!~*	非正则匹配（不区分大小写）
-f	判断是否存在文件
!-f	判断是否存在文件
-d	判断是否存在目录
!-d	判断是否存在目录
-e	判断是否存在文件或目录
!-e	判断是否存在文件或目录
-x	判断文件是否可执行
!-x	判断文件是否可执行

3. 全局变量

变量是 IT 行业中的专有名词，常见于编程语言，根据不同的环境代表不同的值。变量又按照应用环境的不同分为局部变量与全局变量。局部变量是由某一个对象或函数创建的，只能内部引用，所以局部变量又被称为内部变量。全局变量是通用的，允许整个程序中的所有对象与函数引用。

Nginx 重写常用全局变量如表 10.2 所示。

表 10.2   Nginx 重写常用全局变量

条件	说明
$document_root	针对当前请求的根路径设置值
$remote_addr	客户端地址
$request_filename	当前请求的文件路径名（带网站的主目录，如/usr/local/nginx/html/images/a.jpg）
$request_uri	当前请求的文件路径名（不带网站的主目录，如/images/a.jpg）
$scheme	使用的协议，如 HTTP 或者是 HTTPS
$server_name	请求到达的服务器名
$args	请求中的参数
$host	请求信息中的"Host"。如果请求中没有 Host 行，则等于设置的服务器名
$limit_rate	对连接速度的限制
$request_method	请求的方法，如 GET、POST 等
$remote_port	客户端端口号
$remote_user	客户端用户名，认证使用
$query_string	与$args 相同
$server_protocol	请求的协议版本，HTTP/1.0 或 HTTP/1.1
$server_addr	服务器地址
$document_uri	与$uri 一样，表示 URI 地址
$server_port	请求到达的服务器端口号

以上就是 Nginx 重写常用的全局变量，用户可以在配置时灵活运用。

10.1.3 flag 标记

每行重写命令最后跟一个 flag 标记，每个标记都表示不同含义。下面介绍 4 个 Nginx flag 标记。

1. last 与 break

last 标记表示终止当前的页面匹配，客户端重新发送一个请求并按照下一条规则进行匹配。

break 标记表示本条规则匹配完成后终止匹配，不再匹配后面的规则。

last 标记与 break 标记都将终止当前匹配，但 last 标记会重新发送请求进行匹配，而 break 标记将彻底终止匹配。

2. redirect 与 permanent

redirect 标记表示返回 302 临时重定向，浏览器地址会显示跳转后的 URL。

permanent 标记表示返回 301 永久重定向，浏览器地址会显示跳转后的 URL。

redirect 标记与 permanent 标记的区别是返回不同方式的重定向。对客户端来说，一般状态下是没有区别的；而对搜索引擎来说，相对更喜欢 301 永久重定向。

如果把一个地址采用 301 跳转方式跳转，搜索引擎会把旧地址的相关信息带到新地址，同时在搜索引擎索引库中彻底废弃掉原先的旧地址。

采用 302 临时重定向时，搜索引擎有时会查看跳转前后哪个网址更直观，然后决定显示哪个。如果它认为跳转前的 URL 更好，也许地址栏不会更改，那么很有可能出现 URL 劫持的现象。

10.2　Nginx 重写多示例

根据使用场景的不同，Nginx 重写配置的方式也会出现不同。按照不同的配置方式，本节将以多示例的方式对 Nginx 重写配置方式进行讲解。

10.2.1　站内重定向

站内重定向是指在网站内部实现重定向，即按照用户输入的 URL 跳转到同一网站的另外页面中。

1. 还原网站

将 Nginx 的 Web 配置还原到默认，示例代码如下：

```
[root@nginx ~]# cat /etc/nginx/nginx.conf
...
include /etc/nginx/conf.d/default.conf;
...
[root@nginx]# cat /etc/nginx/conf.d/default.conf
server {
        listen 80;
        location / {
        root /usr/share/nginx/html;
        index index.html index.php;
        }
}
```

上述示例中，已将关于页面的配置恢复到默认的状态。

2. 配置重写

配置重写之前，需要先创建测试页面文件及其路径，示例代码如下：

```
[root@nginx ~]# mkdir /usr/share/nginx/html/test/ -p
[root@nginx ~]# cat /usr/share/nginx/html/test/test1.html
test1
```

下面开始配置重写，示例代码如下：

```
[root@nginx ~]# cat /etc/nginx/conf.d/default.conf
server {
        listen 80;
        location / {
        root /usr/share/nginx/html;
        index index.html index.php;
        }
  location /abc {
        rewrite .* /test/test1.html permanent;
}
}
```

上述示例中，除了定位网站根目录外，还定位了一个/abc 目录。定位中的内容是重写规则，将请求重定向到之前的测试页面文件中，即只要用户访问网站中的/abc 页面就会被重定向到测试页面。

由于上述示例的 flag 标记是 permanent，而 permanent 又表示 301 永久重定向，所以也可以将重定向直接指定为 301，示例代码如下：

```
[root@nginx ~]# cat /etc/nginx/conf.d/default.conf
server {
        listen 80;
        location / {
        root /usr/share/nginx/html;
        index index.html index.php;
        }
    location /abc {
        return 301 /test/test1.html;
        }
}
```

配置完成之后，重启 Nginx 服务。

3．访问测试

通过浏览器访问 http://IP/abc/1.html，如图 10.2 所示。

图 10.2　访问结果 1

从图 10.2 中可以看到，通过访问 http://IP/abc/1.html，页面跳转到了测试页面，并且 URL 也发生了变化，说明重定向成功。

4．关于 permanent

当访问测试页面时打开开发者模式，如图 10.3 所示。

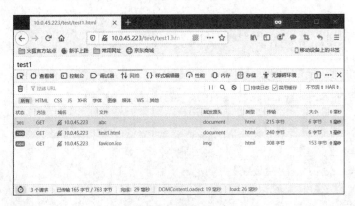

图 10.3　访问结果 2

在添加了 permanent 标记之后，permanent 会使客户端重新发送请求，并改变客户端的 URL。也就是说，客户端的请求到达服务器端，服务器端将重写之后的 URL 发送给客户端，客户端再根据获取到的 URL 重新发送请求。

将配置文件中的 permanent 标记删除，示例代码如下：

```
[root@nginx ~]# cat /etc/nginx/conf.d/default.conf
server {
        listen 80;
        location / {
        root /usr/share/nginx/html;
        index index.html index.php;
        }
  location /abc {
        rewrite .* /test/test1.html;
}
}
[root@nginx ~]# systemctl restart nginx
```

修改配置之后，再次访问 http://IP/abc/1.html，如图 10.4 所示。

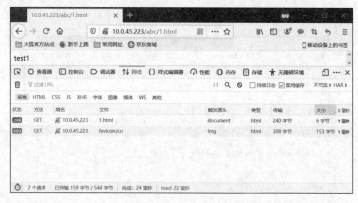

图 10.4　访问结果 3

在重写配置中不添加 permanent 标记的情况下，服务器端将进行内部转换 URL 以及更换页面文件，不再经过客户端。所以客户端中仍显示用户输入的 URL，并且不会获取页面更换的信息。

5. 匹配方式

重定向的匹配方式决定着客户端是否能够成功重定向到指定页面。下面将重定向匹配方式修改为 "="，示例代码如下：

```
[root@nginx ~]# cat /etc/nginx/conf.d/qf.conf
server {
        listen 80;
        location / {
        root /usr/share/nginx/html;
        index index.html index.php;
        }
  location = /abc {
        rewrite .* /test/test1.html;
}
}
[root@nginx ~]# systemctl restart nginx
```

匹配方式修改完成之后，重新访问 http://IP/abc/1.html，如图 10.5 所示。

图 10.5 访问结果 4

从图 10.5 中可以看到，并没有通过 http://IP/abc/1.html 访问到测试页面，这是由于匹配规则 "=" 表示精确匹配，http://IP/abc/1.html 并不是一个精确的 URL，即 URL 必须是 http://IP/abc 才可以匹配成功。

下面通过 http://IP/abc 进行访问，如图 10.6 所示。

图 10.6 访问结果 5

从图 10.6 中可以看到，通过 http://IP/abc 可以成功匹配到测试页面。

如果将匹配方式修改为 "~" 或者 "^~"，那么只需要在 URL 中加入 "/abc" 即可成功匹配到测试页面。

10.2.2 替换部分 URL

下面利用正则中的 "()" 与 "\1"，替换 URL 中一部分的内容，例如，将 "http://10.0.45.223/2019/a/test2.html" 替换为 "http://10.0.45.223/2020/a/test2.html"。

首先，对之前实验的配置进行注释，以防本次实验被干扰。

接着，创建测试页面，示例代码如下：

```
[root@nginx ~]# mkdir /usr/share/nginx/html/2020/a/ -p
[root@nginx ~]# vim /usr/share/nginx/html/2020/a/test2.html
2020
```

然后，修改配置文件，示例代码如下：

```
[root@nginx ~]# cat /etc/nginx/conf.d/default.conf
```

```
server {
        listen 80;
        location / {
        root /usr/share/nginx/html;
        index index.html index.php;
        }
    location /2019 {
        rewrite        ^/2019/(.*)$        /2020/$1        permanent;
        }
}
```

上述示例中，将目录/2019 重定向为/2020，并且重写规则为 permanent。

最后通过 http://10.0.45.223/2019/a/test2.html 进行访问，如图 10.7 所示。

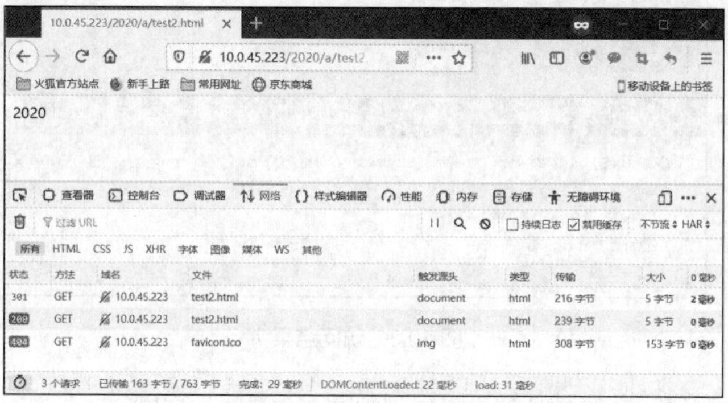

图 10.7　访问结果 6

从图 10.7 中可以看到，通过访问 http://10.0.45.223/2019/a/test2.html，页面成功重定向到 http://10.0.45.223/2020/a/test2.html。

访问之后，返回终端查看访问日志，示例代码如下：

```
[root@nginx ~]# cat /var/log/nginx/access.log
10.0.45.249 - - [06/Jan/2020:23:48:01 +0800] "GET /2019/a/test2.html HTTP/1.1" 3
01 169 "-" "Mozilla/5.0 (Windows NT 10.0; Win64; x64; rv:71.0) Gecko/20100101 Fi
refox/71.0" "-"
10.0.45.249 - - [06/Jan/2020:23:48:01 +0800] "GET /2020/a/test2.html HTTP/1.1" 2
00 5 "-" "Mozilla/5.0 (Windows NT 10.0; Win64; x64; rv:71.0) Gecko/20100101 Fire
fox/71.0" "-"
```

上述示例中，几乎在同一时间内客户端发起两次请求，第一次请求的是 http://10.0.45.223/2019/a/
test2.html，第二次请求的是 http://10.0.45.223/2020/a/test2.html，证明发生了重定向。

10.2.3　判断

location { rewrite }只能替换 URL 中的目录路径，而通过使用 if (){rewrite}，可以替换协议主机目录全部内容，示例代码如下：

```
[root@nginx ~]# cat /etc/nginx/conf.d/default.conf
server {
        listen 80;
        location / {
        root /usr/share/nginx/html;
        index index.html index.php;
```

```
        }
        if ( $host ~* qianfeng.com ) {
        rewrite .*    http://www.mobiletrain.org/ permanent;
        }
}
[root@nginx ~]# systemctl restart nginx
```

上述示例的重定向配置中表示，如果有用户访问 qianfeng.com，则将重定向到 http://www.mobiletrain.org/。

重定向配置完成之后，在本地进行域名解析，并通过浏览器访问 qianfeng.com，如图 10.8 所示。

图 10.8　访问结果 7

从图 10.8 中可以看到，客户端成功重定向到 http://www.mobiletrain.org/，并且状态码为 301。

10.2.4　替换主机

如果需要替换掉域名中的主机部分，保留后端 URL 路径，可以使用 Nginx 内置变量调用旧的 URL 目录路径。

由于无法管理其他公网，此处另外创建一个网站，示例代码如下：

```
[root@nginx ~]# cat /etc/nginx/conf.d/default.conf
server {
        listen 80;
        server_name  kouding.com;
        location / {
        root /usr/share/nginx/html/b;
        index /bb/index.html;
        }
}
[root@nginx ~]# cat /usr/share/nginx/html/b/bb/index.html
kouding
```

网站创建完成之后，配置重定向，示例代码如下：

```
[root@nginx ~]# cat /etc/nginx/conf.d/default.conf
server {
        listen 80;
        server_name qianfeng.com;
        location / {
        root /usr/share/nginx/html/a/;
        index /aa/index.html;
```

```
        }
if ( $host ~* qianfeng.com ) {
        rewrite .* http://kouding.com$request_uri permanent;
        }
}
[root@nginx ~]# systemctl restart nginx
```

上述示例中的重定向配置表示，如果有用户访问的主机是 qianfeng.com，则将主机重定向到 http://kouding.com，并保留 URL 中的路径。

下面通过浏览器访问 qianfeng.com/bb/index.html，如图 10.9 所示。

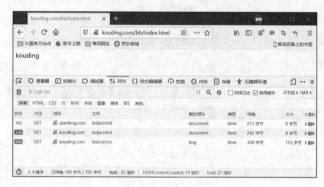

图 10.9 访问结果 8

从图 10.9 中可以看到，客户端能够成功通过 qianfeng.com/bb/index.html 访问到 http://kouding.com/bb/index.html，并且 URL 中路径不变。需要注意的是，URL 中的路径必须是 http://kouding.com 网站中真实存在的，否则页面将无法显示。

10.2.5　信息利用

信息利用的目的是引用源 URL 中的信息，重定向至目标的 URL，例如，将 docker.qianfeng.com 重定向到 qianfeng.com/docker/。

下面创建两个目标页面，示例代码如下：

```
[root@nginx ~]# mkdir /usr/share/nginx/html/{docker,kubernetes}
[root@nginx ~]# echo docker > /usr/share/nginx/html/docker/index.html
[root@nginx ~]# echo kubernetes > /usr/share/nginx/html/kubernetes/index.html
```

之后配置重写规则，示例代码如下：

```
[root@nginx ~]# cat /etc/nginx/conf.d/default.conf
server {
        listen 80;
        server_name qianfeng.com;
        location / {
        root /usr/share/nginx/html;
        index index.html index.php;
        }
if ($host ~* "^www.qianfeng.com$" ) {
    break;
  }
if ($host ~* "^(.*)\.qianfeng\.com$" ) {
```

```
        set $user $1;
        rewrite .* http://www.qianfeng.com/$user permanent;
    }
    }
[root@nginx ~]# systemctl restart nginx
```

上述示例中，break 是为了跳出循环。如果不加 break，每一次重写后，主机名都符合 if 的判断结果，会再次被重写。set 命令用于定义一个变量，并且赋值，通常应用于 server、location 以及 if 字段中。

在访问网站之前，需要做相对应的本地域名解析，docker.qianfeng.com、kubernetes.qianfeng.com 及 www.qianfeng.com 都必须进行解析。

域名解析之后才可以分别通过 docker.qianfeng.com 与 kubernetes.qianfeng.com 对网站进行访问，如图 10.10、图 10.11 所示。

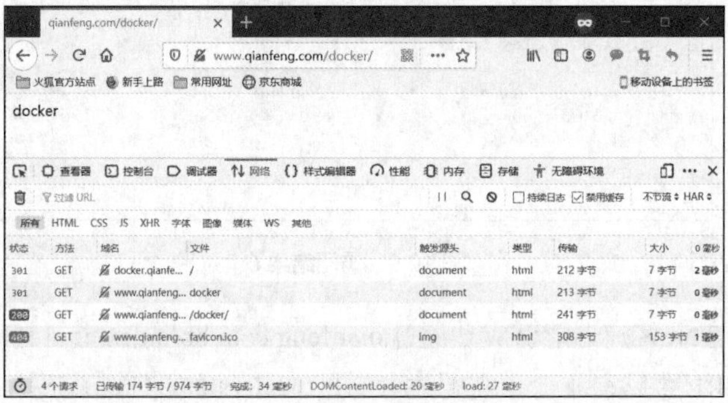

图 10.10　访问结果 9

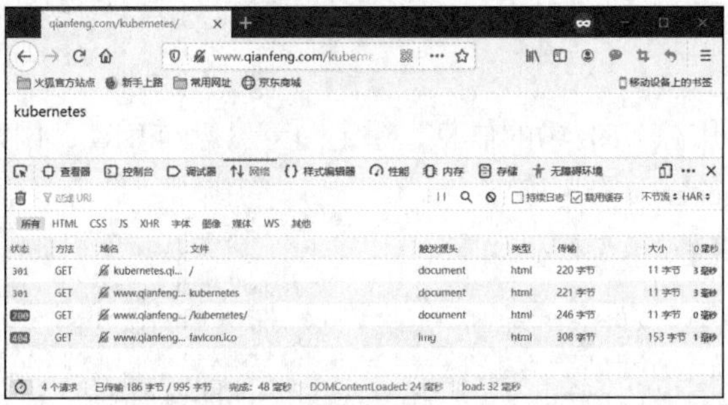

图 10.11　访问结果 10

从图 10.10 和图 10.11 中可以看到，通过用户访问的 URL 信息，成功将页面重定向到目标页面。

10.2.6　拒绝访问

通常在 URL 主机名后输入路径，即可访问相应的页面文件。但并不是网站中所有文件都允许客户访问，如脚本文件等。此时就需要在用户访问这些文件时，对 URL 进行重写。

创建以 “.sh” 作为扩展名的测试文件，示例代码如下：

```
[root@nginx ~]# echo shell > /usr/share/nginx/html/shell.sh
```

文件创建完成之后，通过浏览器对该文件进行访问，如图 10.12 所示。

图 10.12　访问结果 11

从图 10.12 中可以看到，用户可以成功访问到 shell.sh 文件。

下面在 Nginx 子配置文件中对之前的重定向配置进行注释，并添加新的重定向配置，示例代码如下：

```
[root@nginx ~]# cat /etc/nginx/conf.d/default.conf
location ~* \.sh$ {
return 301 http://www.codingke.com/;
}
[root@nginx ~]# systemctl restart nginx
```

上述示例中，重定向了以 ".sh" 作为扩展名的文件，当用户重新访问以 ".sh" 作为扩展名的文件时，将网站重定向到 http://www.codingke.com。

重定向配置完成之后，通过 qianfeng.com/shell.sh 对网站进行访问，如图 10.13 所示。

图 10.13　访问结果 12

从图 10.13 中可以看到，第一个状态是 301，证明网站拒绝了用户访问 shell.sh 文件，并进行了重定向。

另外，还可以将用户请求重定向到网站的 403 页面，示例代码如下：

```
[root@nginx ~]# cat /etc/nginx/conf.d/default.conf
location ~* \.sh$ {
return 301 http://www.qianfeng.com/403.html;
}
[root@nginx ~]# systemctl restart nginx
```

重启 Nginx 服务，并通过 qianfeng.com/shell.sh 访问网站，如图 10.14 所示。

图 10.14   访问结果 13

当网站没有创建自定义 403 页面时，重定向配置还可以直接向用户返回相应的状态码，示例代码如下：

```
[root@nginx ~]# cat /etc/nginx/conf.d/default.conf
location ~* \.sh$ {
return 403;
}
```

10.2.7   last 标记测试

本小节将对 last 标记进行测试，以便了解 last 标记的功能与用法。

创建三个测试页面，示例代码如下：

```
[root@nginx ~]# mkdir /usr/share/nginx/html/test
[root@nginx ~]# echo break > /usr/share/nginx/html/test/break.html
[root@nginx ~]# echo last > /usr/share/nginx/html/test/last.html
[root@nginx ~]# echo test > /usr/share/nginx/html/test/test.html
```

上述示例中，在网站根目录下创建了一个 test 目录，并在该目录中创建了 break.html、last.html 及 test.html 三个测试页面文件。

下面开始配置子配置文件，示例代码如下：

```
[root@nginx ~]# cat /etc/nginx/conf.d/default.conf
server {
        listen 80;
        server_name qianfeng.com;
        location / {
        root /usr/share/nginx/html;
        index index.html index.php;
        }
location /break {
        rewrite .* /test/break.html break;
        root /usr/share/nginx/html;
}
location /last {
        rewrite .* /test/last.html last;
        root /usr/share/nginx/html;
}
location /test {
        rewrite .* /test/test.html break;
        root /usr/share/nginx/html;
}
```

```
}
[root@nginx ~]# systemctl restart nginx
```

上述示例中，配置了三个测试页面的重定向，分为 break 标记、last 标记及无标记三种类型。重启 Nginx 服务之后，首先访问重定向配置中有 break 标记的页面，如图 10.15 所示。

图 10.15　访问结果 14

从图 10.15 中可以看到，重定向配置中有 break 标记的页面可以被用户成功访问。

然后访问配置中有 last 标记的页面，如图 10.16 所示。

图 10.16　访问结果 15

从图 10.16 中可以看到，通过访问 qianfeng.com/last，页面被重定向到了 test 页面。这就是 last 终止了当前页面匹配，又重新匹配下一条规则的结果。

而重定向配置中没有任何标记的 test 页面也可以被用户访问到，如图 10.17 所示。

图 10.17　访问结果 16

10.2.8　目录表达方式

本小节的目的是对 URL 中目录的表达方式进行重写，使原来用于分隔目录的 "-" 重写为 "/"。配置重写规则，示例代码如下：

```
[root@nginx ~]# cat /etc/nginx/conf.d/default.conf
server {
        listen 80;
        server_name qianfeng.com;
        location / {
        root /usr/share/nginx/html;
```

```
        index index.html index.php;
        }
location /qf {
        rewrite ^/qf/([0-9]+)-([0-9]+)-([0-9]+)(.*)$ /qf/$1/$2/$3$4 permanen
t;
        root /usr/share/nginx/html;
        }
}
[root@nginx ~]# systemctl restart nginx
```

上述示例中，重写配置表示将 URL 中目录的"-"重写为"/"，并且将网站根目录定位到 /usr/share/nginx/html。

之后，创建测试页面文件，示例代码如下：

```
[root@nginx ~]# mkdir /usr/share/nginx/html/qf/11/22/33/ -p
[root@nginx ~]# echo '/usr/share/nginx/html/qf/11/22/33/1.html' > /usr/share/ngi
nx/html/qf/11/22/33/1.html
```

上述示例中，在网站根目录下创建了多级目录，在最下级目录下创建了页面文件。

此时，用户可以通过 http://qianfeng.com/qf/11-22-33/1.html 开始访问网站，如图 10.18 所示。

图 10.18　访问结果 17

从图 10.18 中可以看到，Nginx 成功将用户输入的 http://qianfeng.com/qf/11-22-33/1.html 修改为 http://qianfeng.com/qf/11/22/33/1.html。

10.3　本章小结

本章讲解了 Nginx 重写的概念、模块、相关命令、flag 标记以及多个相关示例。通过本章的学习，读者应首先能够了解 Nginx 重写的作用，其次能够熟悉 Nginx 重写的适用情况，最后能够掌握 Nginx 重写的多种配置方式。

10.4　习题

1. 填空题

（1）URL 重写常见的应用是 URL_____。

（2）理论上，搜索引擎更欢迎_____页面形式的网页。

（3）静态化的 URL 可以带来更高的_____性。

（4）启用 Nginx 重写功能之后，用户可以通过_____、_____以及_____对重写进行配置。

（5）URL 重写可以实现网站_____跳转。

2. 选择题

（1）下列选项中，不属于 URL 重写可以实现的是（　　　）。

  A．URL 伪静态化　　　　　　　　　B．提高网站安全性

  C．网址跳转　　　　　　　　　　　　D．替换页面内容

（2）下列选项中，属于永久重定向 flag 标记的是（　　　）。

  A．last　　　　　　B．break　　　　　　C．permanent　　　　D．redirect

（3）下列选项中，表示彻底终止当前匹配，并不再继续匹配的 flag 标记是（　　　）。

  A．last　　　　　　B．break　　　　　　C．permanent　　　　D．redirect

（4）局部变量是由某一个对象或函数所创建的，只能（　　　）引用。

  A．外部　　　　　　B．内部　　　　　　C．绝对　　　　　　D．相对

（5）下面不是 Nginx flag 标记的是（　　　）。

  A．last　　　　　　B．break　　　　　　C．redirect　　　　　D．print

3. 简述题

（1）简述 URL 重写的优势有哪些。

（2）简述 flag 标记中，last、break、redirect、permanent 的作用，以及各标记之间的区别。

4. 操作题

创建一个网站，使用户只需在浏览器中输入其他 URL 即可成功访问网站。

第 11 章　证书与版本

本章学习目标

- 了解 CA 证书的生成原理
- 熟悉公有证书与私有证书的区别
- 掌握 HTTPS 网站的配置方式
- 掌握 Nginx 版本升级与版本退回的方式

证书与版本

客户端可以通过不同的网络协议对服务器端进行访问，常见的协议有 HTTP、HTTPS、Mail 等。其中 HTTPS 是 HTTP 的升级版，并且安全性更高，也是最常见的加密协议之一。对于一个动态网站，除协议外的其他组件也可以升级。由于网站中各个组件并非由同一组织或机构开发的，所以难免会发生组件之间不兼容的情况。这时可以对组件进行版本退回，即恢复到之前的版本。本章将对 HTTPS 网站的构建与 Nginx 的版本管理进行详细讲解。

11.1　CA 证书

11.1.1　证书简介

CA 证书由证书颁发机构（Certificate Authority，CA）进行认证，并颁发给网站或用户。网站配置 CA 证书之后，用户对证书进行验证，验证通过表示网站安全，即可通过 HTTPS 对该网站进行访问。CA 证书类似于身份证或者营业执照，代表了网站的合法性与可靠性。

当服务器端向客户端发送信息时，会将报文生成报文摘要，同时对报文摘要进行散列运算，得到散列值；然后对散列值进行加密，并将加密的散列值放置在报文后面，这个加密后的散列值就称为签名。服务器端将报文、签名以及数字证书一同发送给客户端。客户端收到这些信息后，会首先验证签名，利用签名算法对签名进行解密，得到报文摘要的散列值；然后将得到的报文生成报文摘要，并利用签名算法生成新的散列值。通过对比这两个散列值是否一致，就能判断信息是否完整，是否由真正的服务器端发送。可知签名有两个作用：确认消息发送方可靠，确认消息完整准确。

在使用 SSL 的网络通信过程中，消息在请求和响应中都是加密传送的。首先要知道加密算法分为两种：对称加密和非对称加密。对称加密就是发送双方使用相同的密钥对消息进行加解密，常见的对称加密为 DES、3DES、AES 等。非对称加密是发送双方各自拥有一对公钥和私钥，其中公钥是公开的，私钥是保密的。当发送方向接收方发送消息时，发送方利用接收方的公钥对消息进行加密，接收方收到消息后，利用自己的私钥解密就能得到消息的明文。其中非对称加密方法有 RSA、Elgamal、ECC 等。

客户端与服务器端需要经过一个握手的过程才能完成身份认证，建立一个安全的连接。握手的过程如下。

① 客户端访问服务器端时，向客户端发送 SSL 版本、客户端支持的加密算法、随机数等消息。

② 服务器端向客户端发送 SSL 版本、随机数、加密算法、证书等消息。

③ 客户端收到消息后，判断证书是否可信。若可信，则继续通信。发送的消息包括：一个随机数，该随机数通过从证书中获取的服务器端的公钥进行加密；编码改变通知，表示随后信息都将使用双方协定的加密方法和密钥发送；客户端握手结束通知。

④ 服务器端对数据解密，得到随机数，发送的消息为编码改变通知，表示随后信息都将使用双方协定的加密方法和密钥发送。

以上就是整个握手的过程。因为非对称加密算法对数据加密非常慢，效率低，而对称加密算法的加密效率很高。因此在整个握手过程要生成一个对称加密密钥，然后数据传输时使用对称加密算法对数据加密。可知整个握手过程包括身份认证、密钥商定。

Windows 的证书通过证书窗口就可以查看，步骤如下。

① 按"Windows+R"键，打开 Windows 的"运行"对话框。

② 将输入法切换为英文，在"运行"对话框中输入"certmgr.msc"。

③ 单击"确定"，即可打开"证书-当前用户"窗口，在窗口中可查看证书。

世界上较早的数字认证中心是美国的威瑞信（Verisign）公司，在 Windows 的证书窗口中可以看到许多威瑞信公司生成的证书，如图 11.1 所示。

图 11.1　Windows 证书

另外还有加拿大的 Entrust 公司，也是很著名的证书机构。我国的安全认证体系分为金融 CA 和非金融 CA。在金融 CA 方面，根证书由中国人民银行管理；在非金融 CA 方面，证书由中国电信管理。我国 CA 又可分为行业性 CA 和区域性 CA。行业性 CA 中影响最大的是中国金融认证中心和中国电信认证中心。区域性 CA 主要是以政府为背景，以企业机制运行，其中广东 CA 中心和上海 CA 中心影响最大。

服务器端发送证书到浏览器后，浏览器首先查找该证书是否已在信任列表中，然后对证书进行校验，校验成功就证明证书是可信的。另外，证书的认证是由证书链执行的。证书机构生成证书 A，证书 A 生成证书 B，证书 B 也可以生成证书 C，其中证书 A 就是证书 B 与证书 C 的根证书，这就是证书链。证书验证的机制：只要明确根证书是受信任的，那么它的子证书都是可信的，如图 11.2 所示。

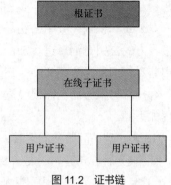

图 11.2　证书链

由以上可知，根证书在证书验证中极其重要，而且根证书是无条件信任的，只要用户将根证书安装上，就说明对根证书是信任的。如用户安装中国政府网站的根证书，是对国家的信任，对网站的信任。对于一些不安全的网站的证书，一定要慎重安装。

另外需要知道的是，Windows 中"受信任的根证书颁发机构"的证书是微软公司预先安装的一些证书。

在企业中，通常会使用证书颁发机构颁发的公有 CA 证书，但仍有不少网站在使用私有 CA 证书。而公有 CA 证书比私有 CA 证书具有更大的优势，具体如下。

① 私有 CA 证书更容易被伪造，被欺诈网站利用，而公有 CA 证书拥有其独特的数字签名，不容易被伪造。

② 浏览器会拦截使用私有 CA 证书的网站，需要用户手动认可，所以私有 CA 证书更容易受到中间件攻击。

③ 目前私有 CA 证书只能支持 SSL V2.0，而公有 CA 证书已经在支持更高版本的协议。

④ 私有 CA 证书没有吊销列表的权限，当证书丢失或被盗时，无法吊销证书，可能被他人利用。

⑤ 私有 CA 证书有效期普遍比公有 CA 证书有效期更长，而 CA 证书的有效期越长越容易被黑客破解。

11.1.2　网站配置

要创建基于 HTTPS 的网站就需要 Nginx 的 mod_ssl 模块的支持，且需要提供两个文件：证书文件和私钥文件。证书文件是标识这个网站服务器身份的，私钥文件主要用来实现在服务器端对数据进行加密，然后在网站中传输的。

CA 证书生成分为以下 4 个步骤。

① 客户端生成证书请求。

② 客户端发送证书请求。

③ 服务器端 CA 签署证书。

④ 服务器端返回证书。

另外，CA 还提供 CA Key、证书存储库及证书吊销列表，如图 11.3 所示。

由于公有 CA 证书需要向 CA 申请，所以本次实验将演示私有 CA 证书的配置方式。

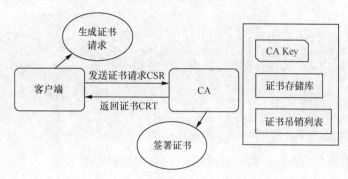

图 11.3　CA 证书生成步骤

1.　生成证书

（1）创建目录

创建一个存放证书的目录，示例代码如下：

```
[root@nginx ~]# mkdir -p /etc/nginx/ssl
```

（2）生成私钥

使用 openssl 工具生成基于 rsa 数学算法、长度为 1024bit 的秘钥，并且文件必须以 key 结尾，示例代码如下：

```
[root@nginx ~]# openssl genrsa 1024 > /etc/nginx/ssl/server.key
Generating RSA private key, 1024 bit long modulus
...........................................................++++++
...............................................++++++
e is 65537 (0x10001)
```

（3）申请证书

通过私钥文件才可以进行 CA 证书申请，示例代码如下：

```
[root@nginx ~]# openssl req -new -key /etc/nginx/ssl/server.key > /etc/nginx/ssl
/server.csr
You are about to be asked to enter information that will be incorporated
into your certificate request.
What you are about to enter is what is called a Distinguished Name or a DN.
There are quite a few fields but you can leave some blank
For some fields there will be a default value,
If you enter '.', the field will be left blank.
-----
#国家名（两个字）
Country Name (2 letter code) [XX]:CN
#省会（两个字）
State or Province Name (full name) []:BJ
#城市
Locality Name (eg, city) [Default City]:BJ
#组织名
Organization Name (eg, company) [Default Company Ltd]:qf
#组织单位名
Organizational Unit Name (eg, section) []:Linux
#服务器名或者用户名
Common Name (eg, your name or your server's hostname) []:nginx.linux.com
```

```
#邮箱地址（可选）
Email Address []:12345678@qq.com
Please enter the following 'extra' attributes
to be sent with your certificate request
#密码为空
A challenge password []:
#公司名为空
An optional company name []:
```

上述示例中是申请 CA 证书需要填写的信息，具体如表 11.1 所示。

表 11.1   **CA 证书需填写的信息**

需要填写的内容	说明
Country Name (2 letter code)	使用 ISO 国家代码格式，填写 2 个字母的国家代号。中国请填写 CN
State or Province Name (full name)	省份，例如填写 BJ
Locality Name (eg, city)	城市，例如填写 BJ
Organization Name (eg, company)	组织名，例如填写公司名的拼音
Organizational Unit Name (eg, section)	组织单位名，例如填写 IT Dept
Common Name (eg, your websites domain name)	服务器名或用户名
Email Address	邮箱地址，可以不填
A challenge password	密码，可选
An optional company name	公司名，可选

（4）同意申请

提交了 CA 证书的申请信息之后，需要对申请信息进行通过，示例代码如下：

```
[root@nginx ~]# openssl req -x509 -days 365 -key /etc/nginx/ssl/server.key -in /
etc/nginx/ssl/server.csr > /etc/nginx/ssl/server.crt
```

上述示例中是一条通过证书申请的命令，以下将对命令参数进行解释。

- -x509：证书的格式，固定的。
- days：证书的有效期，时间不同，价格不同。
- key：指定密钥文件。
- in：指定证书申请文件。

接着，查看证书是否申请成功，示例代码如下：

```
[root@nginx ~]#  ll /etc/nginx/ssl/
total 12
#证书文件
-rw-r--r--. 1 root root 940 Jan 16 19:38 server.crt
#申请文件
-rw-r--r--. 1 root root 639 Jan 16 19:37 server.csr
#私钥文件
-rw-r--r--. 1 root root 887 Jan 16 19:36 server.key
```

从上述示例中可以看到，私有 CA 证书已经申请成功。

2. 使用证书

CA 证书生成之后，并不是可以直接使用，而需要用户进行手动配置。

首先，创建一个网站需要的目录与文件，示例代码如下：

```
[root@nginx ~]# mkdir /bj
[root@nginx ~]# echo "bj ssl web" > /bj/index.html
```

然后配置文件，示例代码如下：

```
[root@nginx ~]# cat /etc/nginx/nginx.conf
http {
 include /etc/nginx/conf.d/bj.conf;
}
[root@nginx ~]# cat /etc/nginx/conf.d/bj.conf
 server {
        listen          443 ssl;
        server_name  linux.com;
#自定义路径
        ssl_certificate       /etc/nginx/ssl/server.crt;
        ssl_certificate_key  /etc/nginx/ssl/server.key;
        location / {
            root    /bj;
            index  index.html index.htm;
        }
    }
[root@nginx ~]# systemctl restart nginx
```

上述示例中，开启了服务器的 443 端口，这是由于 HTTPS 的默认端口为 443，并且指定了 CA 证书与私钥的路径。

最后查看 Nginx 进程，示例代码如下：

```
[root@nginx ~]# ss -antp | grep nginx
LISTEN      0        128         *:443                              *:* users:(("nginx",pi
d=11700,fd=20),("nginx",pid=11699,fd=20),("nginx",pid=8347,fd=20))
```

从上述示例中可以看到，Nginx 已经占用了 443 端口。

下面对 IP 地址进行解析，然后访问网址 https://linux.com/，如图 11.4 所示。

图 11.4　访问结果 1

图 11.4 中，客户端的访问请求被浏览器拦截，这是由于网站使用了私有 CA 证书，在证书颁发机构中没有备案。需要注意的是，在浏览器中输入 URL 时，必须填写协议名称。

单击"高级"，访问结果如图 11.5 所示。

图 11.5　访问结果 2

图 11.5 中，浏览器提示该网站不具备受信任的证书，所以拦截了对该网站的访问。

单击"继续前往 linux.com（不安全）"，访问结果如图 11.6 所示。

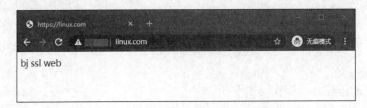

图 11.6　访问结果 3

此时已经可以看到网站页面，并且网站使用的协议为 HTTPS。

11.2　Nginx 版本

在企业中，当 Web 服务需要升级时，并不会在生产状态的服务器上直接升级。如果直接升级，Web 服务将会停止，但线上业务是不允许轻易停止的，而采用平滑升级的方式则很好地解决了这一问题。在更新之后的 Web 服务中发现不兼容的问题之后，就需要对 Web 服务进行版本退回的操作。

11.2.1　平滑升级与版本退回

1. 原理

当需要将正在运行中的 Nginx 升级，添加或删除服务模块时，可以在不中断服务的情况下使用新版，用重新编译的 Nginx 可执行程序替换旧版的可执行程序，步骤如下。

① 使用新的可执行程序替换旧的可执行程序。对于编译安装的 Nginx，可以将新版编译安装到旧版的 Nginx 安装路径中。替换之前，最好备份一下旧版的可执行程序。

② 发送命令 kill -USR2 到旧版的 Nginx 主进程，启动新版 Nginx 的进程。

③ 此时，新、旧版的 Nginx 的工作进程会同时运行，共同处理请求。要逐步停止旧版的 Nginx 进程，就必须发送 WINCH 信号给旧版 Nginx 的主进程。然后，旧版 Nginx 的工作进程将开始平滑关闭。

④ 一段时间后，旧版 Nginx 的工作进程处理完所有已连接的请求后退出，仅由新版 Nginx 的工作进程来处理输入的请求。

⑤ 如果此时需要版本退回，就必须向旧版 Nginx 的主进程发送 kill -HUP 命令。旧版 Nginx 将在不重载配置文件的情况下，启动它的工作进程，再向新版 Nginx 主进程发送关闭命令，即可实现版本退回。

⑥ 如果不需要版本退回，则向旧版 Nginx 的主进程发送关闭命令，即可彻底关闭旧版 Nginx。

2. 实践

下面将通过示例演示 Nginx 1.14.2 与 Nginx 1.16.1 之间的平滑升级与版本退回。

（1）环境介绍

首先，查看此时正在运行的 Nginx 的版本，示例代码如下：

```
[root@nginx ~]# /usr/local/nginx/sbin/nginx -V
nginx version: nginx/1.14.2
built by gcc 4.8.5 20150623 (Red Hat 4.8.5-39) (GCC)
built with OpenSSL 1.0.2k-fips  26 Jan 2017
TLS SNI support enabled
configure arguments: --prefix=/usr/local/nginx/ --with-http_ssl_module
```

从上述示例中可以看到，正在运行的 Nginx 版本是 1.14.2。

编译安装新版的 Nginx，指定安装目录为新目录，示例代码如下：

```
[root@nginx ~]# tar xf nginx-1.16.1.tar.gz -C /usr/local/src/
[root@nginx ~]# cd /usr/local/src/nginx-1.16.1/
[root@server nginx-1.16.1]# ./configure --user=nginx --group=nginx --prefix=/usr
/local/nginx14 --with-http_stub_status_module --with-http_ssl_module && make &&
make install
```

（2）备份二进制文件

备份旧版 Nginx 的二进制文件，用新的 Nginx 二进制文件进行替换，示例代码如下：

```
[root@nginx ~]# mv /usr/local/nginx/sbin/nginx /usr/local/nginx/sbin/nginx.old
[root@nginx ~]# cp objs/nginx /usr/local/nginx/sbin/
```

检测 Nginx 配置文件的可用性，示例代码如下：

```
[root@nginx ~]# /usr/local/nginx/sbin/nginx -t
nginx: the configuration file /usr/local/nginx/conf/nginx.conf syntax is ok
nginx: configuration file /usr/local/nginx/conf/nginx.conf test is successful
```

（3）开启新版进程

接着，向 Nginx 主进程发送 USR2 信号，示例代码如下：

```
[root@nginx ~]# ps aux | grep nginx
root      19087  0.0  0.1  45948  1120 ?         Ss   00:31   0:00 nginx: master
process /usr/local/nginx/sbin/nginx
nobody    19088  0.0  0.2  46396  2132 ?         S    00:31   0:00 nginx: worker
process
root      30553  0.0  0.0 112712   964 pts/2     S+   02:32   0:00 grep --color=
```

```
auto nginx
[root@nginx ~]# kill -USR2 19087
```

查看 Nginx 的进程，示例代码如下：

```
[root@nginx ~]# ps aux | grep nginx
root      19087 0.0 0.1 45948  1308 ?        Ss   00:31  0:00 nginx: master
process /usr/local/nginx/sbin/nginx
nobody    19088 0.0 0.2 46396  2132 ?        S    00:31  0:00 nginx: worker
process
root      31094 0.0 0.3 45960  3260 ?        S    02:32  0:00 nginx: master
process /usr/local/nginx/sbin/nginx
nobody    31095 0.0 0.1 46420  1888 ?        S    02:32  0:00 nginx: worker
process
root      31207 0.0 0.0 112712  964 pts/2    S+   02:32  0:00 grep --color=
auto nginx
```

从上述示例中可以看到，向旧版 Nginx 主进程发送 USR2 信号之后，新版 Nginx 也开启了响应数量的进程与旧版进程一同处理请求。

（4）关闭旧版工作进程

然后，向旧版 Nginx 的主进程发送 WINCH 信号，示例代码如下：

```
[root@nginx ~]# kill -WINCH 19087
[root@nginx ~]# ps aux | grep nginx
root      19087 0.0 0.1 45948  1308 ?        Ss   00:31  0:00 nginx: master
process /usr/local/nginx/sbin/nginx
root      31094 0.0 0.3 45960  3260 ?        S    02:32  0:00 nginx: master
process /usr/local/nginx/sbin/nginx
nobody    31095 0.0 0.2 46420  2140 ?        S    02:32  0:00 nginx: worker
process
root      37748 0.0 0.0 112712  964 pts/0    R+   02:39  0:00 grep --color=
auto nginx
```

从上述示例中可以看到，向旧版 Nginx 主进程发送 WINCH 信号之后，旧版 Nginx 关闭了所有工作进程，且只留下主进程在运行。

（5）版本退回

因为旧的服务器还尚未关闭它监听的套接字，所以通过下面的步骤还可以恢复旧版：

① 发送 HUP 信号给旧的主进程，它将在不重载配置文件的情况下启动它的工作进程；

② 发送 QUIT 信号给新的主进程，要求其平滑关闭进程；

③ 如果新版的主进程没有关闭，则发送 TERM 信号给新的主进程，迫使其退出；

④ 如果因为某些原因新的工作进程不能退出，则直接将其关闭。

示例代码如下：

```
[root@localhost ~]# kill -HUP 19087
[root@localhost ~]# ps aux | grep nginx
root      19087 0.0 0.1 45948  1308 ?        Ss   00:31  0:00 nginx: master
process /usr/local/nginx/sbin/nginx
root      31094 0.0 0.3 45960  3260 ?        S    02:32  0:00 nginx: master
process /usr/local/nginx/sbin/nginx
nobody    31095 0.0 0.2 46420  2140 ?        S    02:32  0:00 nginx: worker
process
nobody    69126 0.0 0.1 46396  1884 ?        S    03:08  0:00 nginx: worker
process
root      69196 0.0 0.0 112712  964 pts/0    R+   03:08  0:00 grep --color=
```

```
auto nginx
[root@localhost ~]# kill -QUIT 31094
[root@localhost ~]# ps aux | grep nginx
root       19087  0.0  0.1  45948  1308 ?          Ss   00:31   0:00 nginx: master
process /usr/local/nginx/sbin/nginx
nobody     69126  0.0  0.1  46396  1884 ?          S    03:08   0:00 nginx: worker
process
root       70186  0.0  0.0 112712   964 pts/0      R+   03:09   0:00 grep --color=
auto nginx
```

此时 Nginx 已经退回旧版。

（6）版本升级

如果不需要版本退回，则向旧版主进程发送关闭信号，使其关闭，示例代码如下：

```
[root@localhost ~]# kill -QUIT 19087
[root@localhost ~]# ps aux | grep nginx
root       31094  0.0  0.3  45960  3260 ?          S    02:32   0:00 nginx: master
process /usr/local/nginx/sbin/nginx
nobody     31095  0.0  0.2  46420  2140 ?          S    02:32   0:00 nginx: worker
process
root       38740  0.0  0.0 112712   964 pts/0      R+   02:40   0:00 grep --color=
auto nginx
```

此时，Nginx 已经正式完成平滑升级。

11.2.2　隐藏版本号

在 Web 服务更新的过程中，没有一个版本是完美的，每个版本都有其固定的漏洞。所以为了考虑安全问题，在生产环境中 Web 服务的版本号是需要被隐藏的。

通常，Nginx 隐藏版本号的方式有两种，一种是直接修改配置，另一种是在编译安装时修改文件中的代码。

1．修改配置

首先通过 curl 工具查看网站信息，示例代码如下：

```
[root@nginx ~]# curl -I http://10.0.45.216
HTTP/1.1 200 OK
Server: nginx/1.16.1
Date: Sun, 19 Jan 2020 16:42:16 GMT
Content-Type: text/html
Content-Length: 612
Last-Modified: Tue, 13 Aug 2019 15:04:31 GMT
Connection: keep-alive
ETag: "5d52d17f-264"
Accept-Ranges: bytes
```

从上述示例中可以看到，该网站的 Nignx 版本号为 1.16.1。版本号很容易暴露，进而被攻击者攻击。下面给 Nginx 主配置文件中添加相关配置，示例代码如下：

```
[root@nginx ~]# cat /etc/nginx/nginx.conf
http {
server_tokens off;
}
[root@nginx ~]# systemctl restart nginx
```

上述示例中，在 Nginx 主配置文件中添加了将服务版本号关闭的配置。

下面通过 curl 工具再次查看网站信息，示例代码如下：

```
[root@nginx ~]# curl -I http://10.0.45.216
HTTP/1.1 200 OK
Server: nginx
Date: Sun, 19 Jan 2020 16:53:37 GMT
Content-Type: text/html
Content-Length: 612
Last-Modified: Tue, 13 Aug 2019 15:04:31 GMT
Connection: keep-alive
ETag: "5d52d17f-264"
Accept-Ranges: bytes
```

从上述示例中可以看到，此时 Nginx 版本号将不会被暴露给客户端。

2. 修改代码

在编译安装 Nginx 之前，在 Nginx 文件中对与版本号有关的代码进行修改，最终 Nginx 的版本号将会改变。

首先，下载 Nginx 源码包进行解压缩，并进入解压缩后的目录中，示例代码如下：

```
[root@nginx ~]# mkdir /tmp/qianfeng_nginx
[root@nginx ~]# cd /tmp/qianfeng_nginx/
[root@nginx qianfeng_nginx]# wget http://nginx.org/download/nginx-1.16.1.tar.gz
[root@nginx qianfeng_nginx]# ls
nginx-1.16.1.tar.gz
[root@nginx qianfeng_nginx]# tar xf nginx-1.16.1.tar.gz
[root@nginx qianfeng_nginx]# ls
nginx-1.16.1  nginx-1.16.1.tar.gz
[root@nginx qianfeng_nginx]# cd nginx-1.16.1
[root@nginx nginx-1.16.1]# ls
auto      CHANGES.ru configure  html      man       src
CHANGES   conf        contrib    LICENSE   README
```

接着，进入 src/core/目录下，示例代码如下：

```
[root@nginx nginx-1.16.1]# cd src/core/
[root@nginx core]# ls
nginx.c                ngx_open_file_cache.h
nginx.h                ngx_output_chain.c
ngx_array.c            ngx_palloc.c
ngx_array.h            ngx_palloc.h
ngx_buf.c              ngx_parse.c
ngx_buf.h              ngx_parse.h
ngx_conf_file.c        ngx_parse_time.c
ngx_conf_file.h        ngx_parse_time.h
ngx_config.h           ngx_proxy_protocol.c
ngx_connection.c       ngx_proxy_protocol.h
ngx_connection.h       ngx_queue.c
ngx_core.h             ngx_queue.h
ngx_cpuinfo.c          ngx_radix_tree.c
ngx_crc32.c            ngx_radix_tree.h
ngx_crc32.h            ngx_rbtree.c
ngx_crc.h              ngx_rbtree.h
ngx_crypt.c            ngx_regex.c
```

```
ngx_crypt.h                ngx_regex.h
ngx_cycle.c                ngx_resolver.c
ngx_cycle.h                ngx_resolver.h
ngx_file.c                 ngx_rwlock.c
ngx_file.h                 ngx_rwlock.h
ngx_hash.c                 ngx_sha1.c
ngx_hash.h                 ngx_sha1.h
ngx_inet.c                 ngx_shmtx.c
ngx_inet.h                 ngx_shmtx.h
ngx_list.c                 ngx_slab.c
ngx_list.h                 ngx_slab.h
ngx_log.c                  ngx_spinlock.c
ngx_log.h                  ngx_string.c
ngx_md5.c                  ngx_string.h
ngx_md5.h                  ngx_syslog.c
ngx_module.c               ngx_syslog.h
ngx_module.h               ngx_thread_pool.c
ngx_murmurhash.c           ngx_thread_pool.h
ngx_murmurhash.h           ngx_times.c
ngx_open_file_cache.c  ngx_times.h
```

然后，修改文件 nginx.h 中的代码，示例代码如下：

```
[root@nginx core]# cat nginx.h

/*
 * Copyright (C) Igor Sysoev
 * Copyright (C) Nginx, Inc.
 */


#ifndef _NGINX_H_INCLUDED_
#define _NGINX_H_INCLUDED_


#define nginx_version      1016001
#define NGINX_VERSION      "1.1.1"
#版本号
#define NGINX_VER          "nginx/" NGINX_VERSION

#ifdef NGX_BUILD
#define NGINX_VER_BUILD    NGINX_VER " (" NGX_BUILD ")"
#else
#define NGINX_VER_BUILD    NGINX_VER
#endif

#define NGINX_VAR          "NGINX"
#define NGX_OLDPID_EXT     ".oldbin"


#endif /* _NGINX_H_INCLUDED_ */
```

上述示例中，将文件 nginx.h 中表示版本号的代码修改为 1.1.1。

最后继续安装 Nginx，安装完成之后启动服务并通过 curl 工具查看网站信息，示例代码如下：

```
[root@nginx ~]# curl -I http://10.0.45.201
HTTP/1.1 200 OK
Server: nginx/1.1.1
Date: Sun, 19 Jan 2020 18:05:51 GMT
Content-Type: text/html
Content-Length: 612
Last-Modified: Sun, 19 Jan 2020 18:04:34 GMT
Connection: keep-alive
ETag: "5e249a32-264"
Accept-Ranges: bytes
```

上述示例中，Nginx 版本号显示为 1.1.1，并没有对版本号进行隐藏，而是直接对用户隐瞒了真实的版本号，同样可以提高网站安全性。

11.3 本章小结

本章讲解了 Nginx 配置 CA 证书的原理、版本退回、平滑升级以及隐藏版本号的方式。通过本章的学习，读者应首先能够了解 CA 证书的配置原理，其次能够熟练掌握 Nginx 版本退回、平滑升级及隐藏版本号的操作，这些都是 Nginx 在生产环境中十分常见的应用。

11.4 习题

1. 填空题

（1）CA 证书是由_____进行认证，并颁发给网站或用户。

（2）CA 证书类似于身份证或者营业执照，代表了网站的_____性与_____性。

（3）服务器端发送证书到浏览器后，浏览器首先查找该证书是否已在_____中，然后对证书进行校验，校验成功就证明证书是可信的。

（4）证书验证的机制只要明确_____证书是受信任的，那么它的_____证书都是可信的。

（5）要创建基于 HTTPS 的网站就需要 Nginx 的_____模块的支持，且需要提供两个文件：_____文件和_____文件。

2. 选择题

（1）证书机构生成证书 A，证书 A 生成证书 B，证书 B 也可以生成证书 C，其中证书 A 就是证书 B 与证书 C 的根证书，这就是（   ）。

    A. 伪证书　　　　　B. 证书链　　　　　C. 证书组织　　　　D. 证书分类

（2）下列选项中，不属于证书颁发机构提供的是（   ）。

    A. CA Key　　　　　B. 证书存储库　　　C. 证书吊销列表　　D. 证书结构

（3）下列选项中，表示 CA 证书格式的是（   ）。

    A. -x509　　　　　　B. days　　　　　　C. key　　　　　　D. in

（4）下列选项中，属于 Nginx 隐藏版本号的方式的是（   ）。

    A. 修改配置　　　　B. URL 重写　　　　C. 写入数据库　　　D. 平滑升级

（5）HTTPS 的默认端口号为（　　）。

　　A．80　　　　　　　　B．443　　　　　　　C．8080　　　　　　D．9000

3．简述题

（1）简述私有 CA 证书与公有 CA 证书的区别。

（2）简述 Nginx 平滑升级与版本退回的过程与原理。

4．操作题

创建一个网站，分别通过两种方式隐藏 Nginx 版本号。

第 12 章　负载均衡

本章学习目标

- 了解负载均衡的概念
- 熟悉负载均衡的工作原理
- 掌握 Nginx 配置负载均衡的方式
- 了解常见的负载均衡

负载均衡

在第 7 章讲反向代理时提到了流量分发，而这也是负载均衡的主要功能之一。负载均衡是大型网站架构中常见的配置，既可以增强架构的稳定性，又可以提高网站的安全性。本章将对 Nginx 的负载均衡功能及其相关内容进行讲解。

12.1　负载均衡介绍

负载均衡（Load Balance，LB）是一种跨多个应用程序实例的，用于优化资源利用率、扩大网站吞吐量、减少网络延迟及确保容错配置的常用技术。负载均衡将在多个应用程序实例中执行操作，例如 Web 服务器、TCP 服务器等，以达到完成工作任务的目的。

另外，负载均衡可以按照不同的作用与性能分为多个种类。例如，按照设备可分为软件负载与硬件负载，按照地域可分为本地负载与全局负载，按照网络协议可分为二层负载、三层负载、四层负载及七层负载。

12.1.1　基于设备的负载均衡

1. 软件负载

软件负载是指在一台或者多台服务器上安装具有负载均衡功能的软件或模块来实现负载均衡。软件负载的优势是基于特定的环境、操作简单、成本低廉、运用灵活，可以满足一般的负载均衡需求。

常见的软件负载有 Linux 虚拟服务器（Linux Vitual Server，LVS）、HAproxy、Nginx 等。LVS 是由我国的章文嵩研发的，根据用户请求的 IP 地址与端口号，实现将用户的请求分发至不同的主机。HAproxy 的主要功能是针对 HTTP 实现负载均衡，也可以实现 TCP 等其他协议的负载均衡。

软件负载的缺点就是会消耗服务器的资源，而功能越强大的软件或模块消耗的资源越多，在高并发时，软件或模块本身可能会成为宕机的主要因素；软件或模块的可扩展性较差，受操作系统的限制，操作系统本身的漏洞可能会造成安全问题。

2. 硬件负载

硬件负载是指在服务器与外部网络之间安装具有负载均衡功能的设备，这种设备通常被称为负载均衡器。负载均衡器由专门的设备完成专门的需求，并且独立于操作系统，具有多样化的负载均衡策略、智能化的流量管理方式。相较于软件负载，硬件负载的整体性能得到了极大提升，几乎能够满足目前所有负载均衡需求。

负载均衡器有着多种样式，除独立的设备之外，还有集成在交换设备中的负载均衡器。无论是何种样式的负载均衡器，都有一个共同的特点，即价格昂贵。常见的负载均衡器有 F5、A10、深信服等。

12.1.2　基于地域的负载均衡

1. 本地负载

本地负载（Local Load Balance）是指针对本地服务器集群所配置的负载均衡，配置方式十分简单，只需要将现有服务器添加到本地服务器集群中即可。本地负载可以防止服务器集群单点故障，并有效解决网络超负荷问题。

2. 全局负载

全局负载（Global Load Balance）也叫地域负载均衡，是指针对不同地域、不同网络结构的服务器集群的负载均衡。通常大型企业在多个区域都拥有服务网站，而在配置全局负载之后，用户只需要通过一个域名即可访问到离自己最近的服务网站，从而获取最快的访问速度。

12.1.3　基于网络协议的负载均衡

1. 二层负载均衡

二层负载均衡是在数据链路层修改 MAC 地址进行负载均衡。

负载均衡服务器的 IP 地址和其管理的 Web 服务集群的虚拟 IP 地址一致，并且负载均衡数据分发过程中不修改访问地址的 IP 地址，而是修改 MAC 地址。通过这两点达到不修改数据包的源地址和目标地址就可以正常访问的目的，如图 12.1 所示。

二层负载均衡既不需要负载均衡服务器进行 IP 地址的转换，数据响应时也不需要经过负载均衡服务器，但对负载均衡服务器的网卡带宽要求较高。

2. 四层负载均衡

四层负载均衡是在网络层和传输层（IP 地址与端口），通过修改目标地址进行负载均衡，常见的四层负载均衡有 LVS 等。

四层负载均衡的实现过程如下。

① 客户端访问请求到达负载均衡服务器。

② 负载均衡服务器在操作系统内核进程获取网络数据包。

③ 根据算法得到一台真实服务器地址。

④ 将请求数据的目标地址修改成该真实服务器地址。

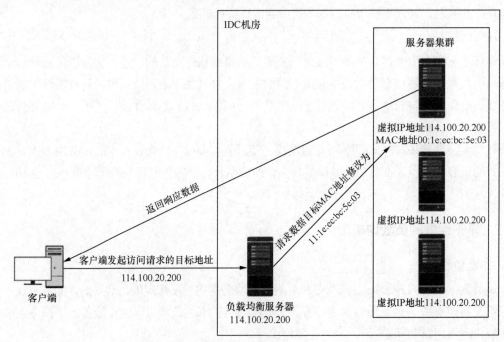

图 12.1　二层负载均衡

⑤ 数据处理完后返回给负载均衡服务器。

⑥ 负载均衡服务器收到响应后，将自身的地址修改为原客户端访问地址后，再将数据返回给客户端。

具体步骤如图 12.2 所示。

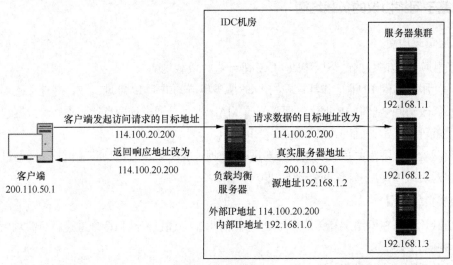

图 12.2　四层负载均衡

四层负载在响应请求时速度较快，但无法处理更高级的请求。

3. 七层负载均衡

七层负载均衡是通过虚机主机名或者 URL 接收请求，再根据一些规则分配到真实的服务器，常见的七层负载有 Nginx、HAproxy 等。

四层负载均衡与七层负载均衡的区别如图 12.3 所示。

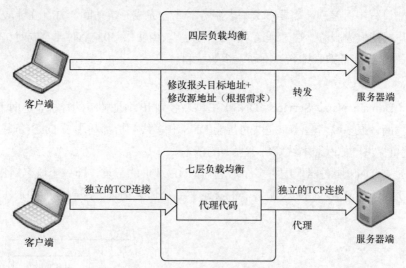

图 12.3 四层、七层负载均衡的区别

七层负载均衡可以代理任意修改和处理客户端的请求，可以使整个应用更加智能化和安全，代价就是设计和配置会更复杂。

12.1.4 负载均衡的主要方式

1. 重定向

重定向也可以看作负载均衡的一种实现方式，这种方式通常在下载网站中运用得较多，并且工作在应用层的业务代码中。

大致原理是根据客户端的 HTTP 请求计算出一个真实的 Web 服务器地址，将该 Web 服务器地址写入 HTTP 重定向响应中，并返回给客户端，由浏览器重新进行访问，如图 12.4 所示。

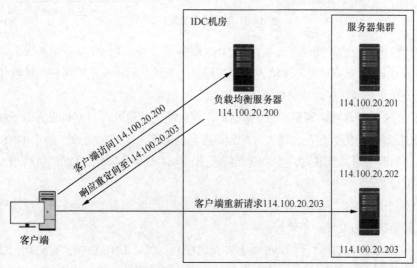

图 12.4 重定向实现负载均衡

相较于其他实现负载均衡的方式，重定向方式只需要利用相关模块进行配置即可实现，并且配置方式也比较简单。

在重定向的过程中，客户端需要多次请求服务器才能完成一次访问，并且性能较差。重定向服务器自身性能也可能成为服务器端处理请求能力的瓶颈。当使用 302 临时重定向时，可能被搜索引擎判断为 SEO 作弊，降低搜索排名，不利于企业营利。

2. DNS

域名服务（Domain Name Service，DNS）提供域名到 IP 地址解析的过程，这时 DNS 服务器也就充当了负载均衡，很多域名运营商提供的智能 DNS 和多线解析都利用了 DNS 负载均衡的技术，开源的 Bind 就可提供电信联通多线解析等强大的技术。

大致原理是在 DNS 服务器上配置多个域名对应 IP 地址的记录，即一个域名对应一组 Web 服务器 IP 地址，域名解析时经过 DNS 服务器的算法将一个域名请求分配到合适的真实服务器上，如图 12.5 所示。

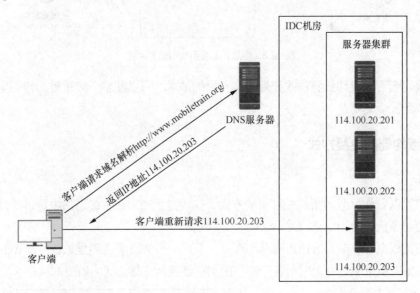

图 12.5　DNS 实现负载均衡

该方法的优势是将负载均衡的工作交给了 DNS 服务器，省去了网站管理维护负载均衡服务器的投入。同时许多 DNS 还支持基于地理位置的域名解析，将域名解析成距离客户端地理位置最近的一个服务器地址，加快访问速度，改善性能。

但目前的 DNS 解析是多级解析，每一级 DNS 都可能缓存记录。当某一服务器下线后，该服务器对应的 DNS 记录可能仍然存在，导致分配到该服务器的客户端访问失败。由于 DNS 负载均衡的控制权在域名服务商手里，互联网企业可能无法做出过多的改善和管理。DNS 负载不能按服务器的处理能力来分配负载。

DNS 负载均衡采用的是简单的轮询算法，不能区分服务器之间的差异，不能反映服务器当前运行状态，所以其负载均衡效果并不理想。

为了使本地 DNS 服务器和其他 DNS 服务器及时交互，保证 DNS 数据及时更新，使地址能够随机分配，一般都要将 DNS 的刷新时间设置得较短，但间隔时间太短将会使 DNS 流量大增，可能造成额外的网络问题。

3. 反向代理

反向代理服务器也能够为客户端提供负载均衡的功能，同时管理一组 Web 服务器。它根据负载均衡算法将请求的客户端访问转发到不同的 Web 服务器处理，处理结果经过反向代理服务器返回给客户端，如图 12.6 所示。

反向代理实现负载均衡的方式也十分简单，并且只处于四层协议中。

使用反向代理服务器后，Web 服务器地址不能直接暴露在外，因此 Web 服务器

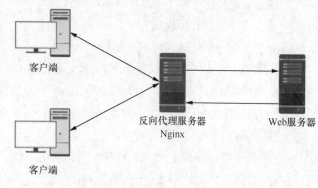

图 12.6　反向代理实现负载均衡

不需要使用外部 IP 地址，而反向代理服务器作为沟通桥梁，就需要配置双网卡、外部和内部两套 IP 地址。

4. 硬件

通过硬件实现负载均衡几乎是所有实现方式中性能较好的方式，此处以 F5 为例，其优势如下。

① F5 负载均衡器提供 12 种灵活的算法，它将所有流量均衡地分配到各个服务器，而面对用户的，只是一台虚拟服务器。

② F5 负载均衡器具备健康检查机制，它可以确认应用程序能否对请求返回对应的数据。假如 F5 负载均衡器后面的某一台服务器发生服务停止、死机等故障，它会检查出来并将该服务器标识为宕机，从而不将用户的访问请求传送到发生故障的服务器上。这样，只要其他的服务器正常工作，用户的访问就不会受到影响。故障服务器一旦修复，F5 负载均衡器就会自动查证应用，保证对用户的请求作出正确响应并恢复向该服务器传送。

③ F5 负载均衡器具有动态 Session 的会话保持功能，在网站中将用户 IP 地址与 Session 通过 F5 进行绑定，即可使其 Session 保持一致。

④ F5 负载均衡器的 iRules 功能可以做 HTTP 内容过滤，根据不同的域名、URL，将访问请求传送到不同的服务器。

硬件实现负载均衡的方式通常都成本较高，适合大型企业使用。对中小型企业来说，硬件负载均衡的配置很有可能出现大量冗余。

12.2　Nginx 负载均衡

12.2.1　Nginx 特点

负载均衡是 Nginx 的四大主要功能之一。最初 Nginx 只能支持七层负载均衡，目前无论是四层负载均衡，还是七层负载均衡，最新稳定版的 Nginx 都已经可以支持。

以下是 Nginx 作为负载均衡的特点。

① 功能强大，性能卓越，运行稳定；

② 配置简单灵活；

③ 能够自动剔除工作不正常的 Web 服务器；

④ 上传文件使用异步模式；

⑤ 支持多种分配策略，可以分配权重，分配方式灵活。

Nginx 作为负载均衡时可以复制用户请求。当 Web 服务器出现问题时，Nginx 会再复制一份请求发送给另一台 Web 服务器。在这种情况下，LVS 则只能由用户重新发送请求。

但当 Nginx 作为负载均衡时，流量会经过 Nginx，而 Nginx 自身的性能可能会成为服务器端处理请求能力的瓶颈。

在小型企业中，没有太大流量的情况下，通常不做负载均衡。在中型企业中，流量较大的情况下，通常只做四层负载均衡或七层负载均衡。而在一些大型企业中，每时每刻都有着大量的流量，通常四层和七层负载均衡都会做，如图 12.7 所示。

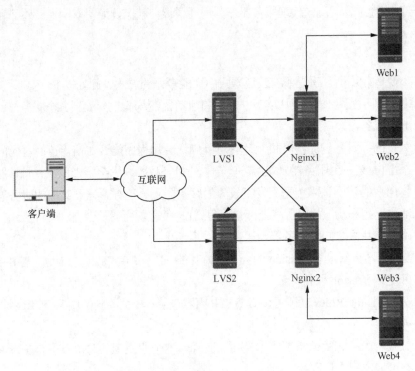

图 12.7　大型企业中的负载均衡

12.2.2　Nginx 负载均衡调度算法

负载均衡将流量分发给 Web 服务器，而算法决定着流量分发的方式。不同的算法对应着负载均衡不同的流量分发方式，其中 Nginx 通常可以支持 5 种算法，具体如下。

1. 轮询调度算法

轮询（Round Robin，RR）调度算法是负载均衡分发流量的默认算法。负载均衡调度器通过轮询调度算法将外部请求按顺序轮流分配到集群中的真实服务器上，它均等地对待每一台服务器，而不管服务器上实际的连接数和系统负载。

2. 加权轮询调度算法

加权轮询（Weight Round Robin，WRR）调度算法是指负载均衡调度器可以通过 weight 指定轮询的权重，权重（比例）越大，被调度的次数越多。

3. IP_hash 调度算法

负载均衡调度器根据每个请求 IP 地址进行调度，可以解决会话的问题，且不能使用 weight，即负载均衡调度器会将同一个客户端 IP 地址发给同一个 Web 服务器。

4. fair 公平调度算法

fair 公平调度算法是 Nginx 借助第三方插件实现的调度算法。负载均衡调度器可以根据请求页面的大小和加载时间长短进行调度，前提是使用第三方 upstream_fair 模块。当客户端请求页面比较大时，负载均衡调度器则将请求转发给后端性能比较高的 Web 服务器。

5. URL_hash 调度算法

URL_hash 调度算法是 Nginx 借助第三方插件实现的调度算法。负载均衡调度器按照客户端请求的 URL 进行散列运算之后再进行调度，使每个 URL 定向到同一服务器，前提是使用第三方的散列模块。当用户再次访问之前的页面时，负载均衡调度器就将请求转发给同一个真实服务器。

12.2.3　其他负载均衡调度算法

在实际运用中，负载均衡的调度算法呈现多样性，每一种调度算法都有其独特的作用，以下是 6 种常见的其他负载均衡调度算法。

1. 目标地址散列调度算法

目标地址散列（Destination Hashing，DH）调度算法根据请求的目标地址，作为散列键（Hash Key）从静态分配的散列表找出对应的服务器。若该服务器是可用的且未超载，则将请求发送到该服务器，否则返回空。

2. 源地址散列调度算法

源地址散列（Source Hashing，SH）调度算法根据请求的源地址，作为散列键从静态分配的散列表找出对应的服务器。若该服务器是可用的且未超载，则将请求发送到该服务器，否则返回空。

3. 最少连接调度算法

最少连接（Least Connections，LC）调度算法是指调度器通过最少连接调度算法动态地将网络请求调度到已建立的连接数最少的服务器上。如果集群系统的真实服务器具有相近的系统性能，采用最小连接调度算法可以较好地均衡负载。

4. 加权最少连接调度算法

在集群系统中服务器性能差异较大的情况下，调度器采用加权最少连接（Weight Least Connections，WLC）调度算法优化负载均衡性能，具有较高权值的服务器将承受较大比例的活动连接负载。调度器可以自动问询真实服务器的负载情况，并动态地调整其权值。

5. 基于本地最少连接调度算法

基于本地最少连接（Locality-Based Least Connections，LBLC）调度算法是针对目标地址的负载均衡，目前主要用于 Cache 集群系统。该算法根据请求的目标地址找出该目标地址最近使用的服务器。若该服务器是可用的且没有超载，则将请求发送到该服务器；若该服务器不存在，或者该服务器超载且有服务器处于一半的工作负载，则用最少连接的原则选出一个可用的服务器，将请求发送到该服务器。

6. 带复制的基于本地最少连接调度算法

带复制的基于本地最少连接（Locality-Based Least Connections with Replication，LBLCR）调度算法也是针对目标地址的负载均衡，目前主要用于 Cache 集群系统。LBLCR 与 LBLC 调度算法的不同之处是，它要维护从一个目标地址到一组服务器的映射，而 LBLCR 调度算法维护从一个目标地址到一台服务器的映射。该算法根据请求的目标地址找出该目标地址对应的服务器组，按最小连接原则从服务器组中选出一台服务器。若服务器没有超载，则将请求发送到该服务器；若服务器超载，则按最小连接原则从这个集群中选出一台服务器，将该服务器加入服务器组，并将请求发送到该服务器。同时，当该服务器组有一段时间没有被修改时，将最忙的服务器从服务器组中删除，以降低复制的程度。

12.3 Nginx 负载均衡配置方式

1. 环境

本次实验需要 4 台服务器，实验环境如表 12.1 所示。

表 12.1　　　　　　　　　　　　　　　实验环境

服务器	主机名	应用业务	IP 地址
负载均衡	lb	Nginx	192.168.0.104
Web 服务器	Web1	Nginx	192.168.0.107
Web 服务器	Web2	Nginx	192.168.0.108
Web 服务器	Web3	Nginx	192.168.0.109

如果使用虚拟机进行实验，则需要将虚拟机开启桥接模式，使各虚拟机实现内网互通。

2. 关闭防火墙

关闭所有服务器的防火墙，允许外部网络接入，示例代码如下：

```
[root@nginx ~]# systemctl disable firewalld.service
[root@nginx ~]# systemctl stop firewalld.service
[root@nginx ~]# sed -ri '/^SELINUX=/cSELINUX=disabled' /etc/selinux/config
[root@nginx ~]# setenforce 0
```

3. 域名解析

如果使用虚拟机做实验，则为负载均衡服务器的 IP 地址做本地域名解析，如图 12.8 所示。从图 12.8 中可以看到，负载均衡服务器的 IP 地址被解析为 qianfeng.com。

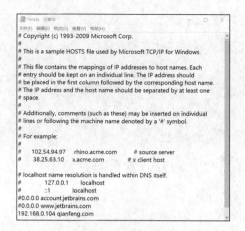

图 12.8　本地域名解析

4．同步时间

为了给用户提供更优质的服务，企业中通常会将所有服务器的时间调整到与用户所在时区时间保持一致。

下面通过 ntpdate 工具与时间服务器进行时间调整。

首先，在终端服务器中安装 ntpdate 工具，示例代码如下：

```
[root@web1 ~]# yum -y install ntpdate
```

当使用 ntpdate 工具调整时间时，需要在命令中添加时间服务器的 IP 地址或域名。而时间服务器的 IP 地址或域名只需要通过搜索引擎进行搜索即可得到，例如，NTP 授时快速域名服务网站（HTTP://www.ntp.org.cn/）中就有大量的时间服务器 IP 地址，如图 12.9 所示。

单击网站主页面中的"IP 池"，即可获取时间服务器 IP 地址，如图 12.10 所示。

图 12.9　NTP 授时快速域名服务网站　　　　图 12.10　获取时间服务器 IP 地址

IP 池中的时间服务器 IP 地址都是由网站本身、企业或个人提供的，为保证可靠性，尽量选择由网站本身或企业提供的时间服务器 IP 地址。将 IP 池中对应时区的时间服务器 IP 地址添加到时间调整命令中，示例代码如下：

```
[root@web1 ~]# ntpdate -u 120.25.108.11
 5 Feb 15:27:30 ntpdate[6064]: adjust time server 120.25.108.11 offset 0.002690
sec
[root@web1 ~]# date
```

```
Wed Feb  5 15:27:35 CST 2020
```

在线上业务中，为了保证服务器系统时间的准确性，可以通过配置计划任务，定时对系统时间进行校准，示例代码如下：

```
[root@lb ~]# crontab -e
*/30 * * * * ntpdate -u 120.25.108.11
[root@lb ~]# crontab -l
*/30 * * * * ntpdate -u 120.25.108.11
```

上述示例中，添加了一条每 30 分钟校准一次系统时间的计划任务。

5. 配置 Web 页面

分别为三台 Web 服务器配置不同的 Web 页面，示例代码如下：

```
[root@web1 ~]# cat /usr/share/nginx/html/index.html
<head>
    <meta HTTP-equiv="Content-Type" content="text/html"; charset="utf-8">
</head>
web1 千锋互联
[root@web2 ~]# cat /usr/share/nginx/html/index.html
<head>
    <meta HTTP-equiv="Content-Type" content="text/html"; charset="utf-8">
</head>
web2 扣丁学堂
[root@web3 ~]# cat /usr/share/nginx/html/index.html
<head>
    <meta HTTP-equiv="Content-Type" content="text/html"; charset="utf-8">
</head>
web3 好程序员训练营
```

Web 页面配置完成之后，开启 Nginx 服务即可被用户成功访问。

6. 配置负载均衡

负载均衡的实现需要在 Nginx 页面配置文件中添加相关的服务器组，示例代码如下：

```
[root@lb ~]# cat /etc/nginx/nginx.conf
HTTP {
#对默认的子配置文件进行注释
    #include /etc/nginx/conf.d/*.conf;
#添加新子配置文件
    include /etc/nginx/conf.d/lb.conf;
}
[root@lb ~]# cat /etc/nginx/conf.d/lb.conf
#配置服务器组
upstream html {
        server 192.168.0.107:80;
        server 192.168.0.108:80;
}
server {
        listen 80;
        server_name qianfeng.com;
#引用服务器组
location / {
proxy_pass   HTTP://html;
```

```
}
}
[root@lb ~]# systemctl restart nginx
```

上述示例中，对 Nginx 主配置文件中引用的子配置文件进行了注释，并添加了新的子配置文件。在新的子配置文件中配置了服务器组，并进行了引用。注意，尽量不要在默认子配置文件中配置，否则容易出现 504 错误。

下面将通过浏览器对网站进行访问，如图 12.11 所示。

图 12.11　第一次访问结果

刷新浏览器界面，使客户端再次访问网站，如图 12.12 所示。

图 12.12　第二次访问结果

对浏览器页面不断地进行刷新，两个 Web 页面也将在浏览器中交替出现。说明负载均衡服务器根据时间顺序，将每个请求一次分配给 Web 服务器，这也就是 Nginx 默认的轮询调度算法。

通常 Nginx 负载均衡服务器检测到某一台服务器不可用时，将不会向该服务器转发请求。此时，将 Web2 服务器中的 Web 服务关闭，并多次访问网站。在访问结果中会发现，Web2 服务器的页面将不会被用户访问到，而且不会出现错误的访问，只会一直访问到 Web1 服务器的页面。

7．加权轮询调度算法配置

如果服务器组中的服务器性能高低不一，就可以通过给每个服务器配置不同的权重值，使性能较好的服务器获取到较多请求，使性能较差的服务器获取较少的请求。通过加权轮询调度算法，使每台服务器都能够获取与其性能相符合的工作量，加固网站架构，这也是优化网站架构的一种方式。

接下来，为服务器配置权重值，示例代码如下：

```
[root@lb ~]# cat /etc/nginx/conf.d/lb.conf
upstream html {
        server 192.168.0.107:80 weight=4;
        server 192.168.0.108:80 weight=1;
}
[root@lb ~]# systemctl restart nginx
```

上述示例中，将 Web1 服务器的权重值配置为 4，将 Web2 服务器的权重值配置为 1。所有服务器权重值的总和为一个循环，示例中是 5 次为一个循环。简而言之，Web1 服务器每接受 4 次请求，

Web2 服务器就会接受 1 次请求，Web1 接受到的 4 次请求并非是连续的，而是通过算法得出的分散顺序。

上述配置完成之后，用户每访问 5 次网站，就会访问到 4 次 Web1 的页面与 1 次 Web2 的页面。

另外，还可以在负载均衡服务器中配置各 Web 服务器的状态，常用参数与说明如表 12.2 所示。

表 12.2　Web 服务器常用参数与说明

参数	说明
down	表示当前的服务器暂时不参与负载
weight	权重，默认为 1。权重值越大，负载的权重就越大
max_fails	允许请求失败的次数，默认为 1。当超过最大次数时，返回 proxy_next_upstream 模块定义的错误
fail_timeout	max_fails 次失败后，暂停服务的时间
backup	备份服务器

备份服务器在其他所有的非 backup 机器故障或者忙碌时，接受并处理来自负载均衡服务器转发的请求。

下面将 Web3 服务器配置到负载均衡中，示例代码如下：

```
[root@lb ~]# cat /etc/nginx/conf.d/lb.conf
upstream html {
        server 192.168.0.107:80 weight=4 max_fails=1 fail_timeout=2;
        server 192.168.0.108:80 weight=1 max_fails=1 fail_timeout=1;
        server 192.168.0.109:80 backup;
}
[root@lb ~]# systemctl restart nginx
```

上述示例中，分别为 Web1 与 Web2 服务器配置了允许请求失败的最大次数与请求失败后暂停服务的时间。Web3 服务器作为备份服务器，在 Web1 与 Web2 服务器发生故障时为用户提供服务，从而为线上业务提供稳定性。

接着，进行多次访问网站，访问结果中只能看到 Web1 与 Web2 的页面。

下面将 Web1 与 Web2 服务器中的 Web 服务关闭，再通过浏览器对网站进行访问，如图 12.13 所示。

图 12.13　第二次访问结果

从图 12.13 中可以看到，备份服务器已经生效。

8. IP_hash 调度算法配置

当客户端访问动态网站的 Web 服务器时，网站的会话保持功能会将客户端访问的资源缓存，而会话共享功能将缓存的资源同步到其他 Web 服务器上。接下来，客户端访问该网站任意一台 Web

服务器都会快速获取之前访问的资源。会话共享的缺点是会消耗大量资源。

IP_hash 调度算法将请求中的 IP 地址进行散列运算，并将请求按照散列运算结果转发给对应的 Web 服务器。之后，当客户端再次访问该网站时，负载均衡就将请求转发给之前的 Web 服务器。因此，通过配置 IP_hash 调度算法可以不需要配置会话共享功能，从而节省了服务器端大量的资源。示例代码如下：

```
[root@lb ~]# cat /etc/nginx/conf.d/lb.conf
upstream web_server{
    ip_hash;
    server 192.168.0.107;
    server 192.168.0.108;
    server 192.168.0.109 down;
}
[root@lb ~]# systemctl restart nginx
```

上述示例中，ip_hash 表示负载均衡所启用的调度算法，down 表示发生故障的服务器，负载均衡不会为其分发流量，并且当启用 IP_hash 调度算法时，不能使用 weight 参数与 backup 参数表示服务器状态。

配置完成之后，访问该网站。经过多次访问，每次访问的结果都是同一个页面，这是由于负载均衡通过散列运算为该客户端 IP 地址分配了一个固定的 Web 服务器。

在被用户访问的 Web 服务器中，查看连接数，示例代码如下：

```
[root@lb ~]# netstat -n | grep :80 | wc -l
6
```

上述示例中，查看到的连接数正好是 Web 服务器被访问的次数。

IP_hash 调度算法为每个客户端分配了提供服务的 Web 服务器，但这样的做法可能使 Web 服务器的工作量得不到公平的分配，导致各个 Web 服务器无法进行均衡的负载，建议该方式只在特定的情况下使用。

9. fair 公平调度算法

fair 公平调度算法是由第三方模块提供的负载均衡调度算法。本示例将根据 Web 服务器响应时间作为流量分发的依据，响应时间短的 Web 服务器优先获取流量。

既然需要使用第三方模块，就必须在编译 Nginx 时进行安装。当已经安装好 Nignx 时，可以对已经安装完成的 Nginx 进行备份，以便恢复，示例代码如下：

```
[root@lb ~]# cp -r /usr/local/nginx /usr/local/nginx_old
```

在 GitHub 或者其他开源软件平台中，可获取 nginx-upstream-fair 模块。将 nginx-upstream-fair 模块进行解压缩，示例代码如下：

```
[root@lb ~]# unzip nginx-upstream-fair-master.zip
```

nginx-upstream-fair 模块解压缩完成之后，开始对 Nginx 进行编译安装，示例代码如下：

```
[root@lb ~]# cd nginx-1.16.1
[root@lb ~]# ./configure \
--prefix=/usr/local/nginx\
--sbin-path=/usr/local/nginx/nginx\
--conf-path=/usr/local/nginx/nginx.conf\
```

```
--pid-path=/usr/local/nginx/nginx.pid
--add-module=/root/nginx-upstream-fair
[root@lb ~]# make && make install
```

当编译第三方模块时，只需要在模块前添加--add-module=参数即可。

为负载均衡修改配置，示例代码如下：

```
server {
    listen        80;
    server_name qianfeng.com;
    location / {
        proxy_pass HTTP://html;
    }
}
upstream html {
    server 192.168.0.107;
    server 192.168.0.108;
    fair;
}
```

上述示例中，fair 参数指定了负载均衡启用的调度算法。

接着，在 Web 服务器中安装 PHP，并添加 PHP 动态页面文件，示例代码如下：

```
[root@web1 ~]# cat /usr/share/nginx/html/index.php
<?php sleep(8); ?>
<head>
    <meta HTTP-equiv="Content-Type" content="text/html"; charset="utf-8">
</head>
Hello! 千锋!
[root@web2 ~]# cat /usr/share/nginx/html/index.php
<head>
    <meta HTTP-equiv="Content-Type" content="text/html"; charset="utf-8">
</head>
Hello! 扣丁!
```

上述示例中，sleep 参数表示服务器收到请求之后，延迟处理请求的时间。

配置完成之后，开启 Nignx 服务并访问网站。从访问结果中可知，由于负载均衡感知到 Web1 服务器响应有延迟，所以通常都会匹配到 Web2 服务器的页面。

12.4 本章小结

本章讲解了负载均衡的类型、负载均衡的实现方式、负载均衡的调度算法以及 Nginx 配置负载均衡的具体方式。通过本章的学习，读者应首先能够了解负载均衡在网站架构中的重要性，其次能够熟悉业务中常见的负载均衡，最后能够掌握使用 Nginx 配置负载均衡并引用调度算法的方式。

12.5 习题

1. 填空题

（1）负载均衡是一种跨多个应用程序实例的，用于优化资源利用率、扩大网站_____量、减少网络延迟及确保容错配置的常用技术。

（2）负载均衡可以按照不同的作用与性能分为多个种类，按照网络协议可分为＿＿＿＿、＿＿＿＿、＿＿＿＿以及＿＿＿＿。

（3）常见的软件负载有＿＿＿＿、＿＿＿＿、＿＿＿＿等。

（4）硬件负载是指在服务器与外部网络之间安装具有负载均衡功能的设备，这种设备通常被称为＿＿＿＿。

（5）四层负载均衡是在＿＿＿＿和＿＿＿＿通过修改目标地址进行负载均衡。

2. 选择题

（1）二层负载均衡是在数据链路层修改（　　）进行负载均衡。

　　A. IP 地址　　　　　　B. MAC 地址　　　　　C. 端口号　　　　　D. 协议类型

（2）下列选项中，不属于负载均衡实现方式的是（　　）。

　　A. 反向代理　　　　　B. 重定向　　　　　　C. DNS　　　　　　D. 一主多从

（3）下列选项中，属于 Nginx 负载均衡默认调度算法的是（　　）。

　　A. 轮询调度算法　　　　　　　　　　B. 加权轮询调度算法

　　C. ip_hash 调度算法　　　　　　　　D. 最小连接调度算法

（4）下列选项中，不属于 Nginx 负载均衡所支持的调度算法是（　　）。

　　A. 目标地址散列调度算法　　　　　　B. 轮询调度算法

　　C. ip_hash 调度算法　　　　　　　　D. 加权轮询调度算法

（5）下列选项中，需要使用第三方 upstream_fair 模块的调度算法的是（　　）。

　　A. fair 公平调度算法　　　　　　　　B. 轮询调度算法

　　C. ip_hash 调度算法　　　　　　　　D. 加权轮询调度算法

3. 简述题

（1）简述四层负载均衡与七层负载均衡之间的区别。

（2）简述三种或三种以上负载均衡调度算法。

4. 操作题

通过 Nginx 配置负载均衡，并启用一种调度算法。

第 13 章　完整的网站架构

完整的网站
架构

本章学习目标

- 熟悉 Nginx 网站优化方式
- 熟悉分布式集群搭建
- 掌握 Nginx 搭建完整网站架构的方式

通过前面章节的学习，读者应该已经掌握了 Nginx 在作为 Web 服务器、反向代理服务器以及负载均衡服务器时的各种常用配置与模块的应用。为了进一步提升读者在生产环境中对 Nginx 的运用技巧，本章将通过对 Nginx 网站优化、分布式集群搭建等的讲解，带领读者搭建一个具备高可用、动静分离以及主从复制的完整的网站架构。

13.1　Nginx 网站优化

通常 Nginx 默认的配置是将自身的性能平均地进行分配，能够满足各种其支持的工作的需求，却不能使每项工作都保证最高的效率。因此，对 Nginx 进行优化，使 Nginx 减少在其他工作中的资源投入，而在特定的某一项工作中保证效率最大化。

13.1.1　连接数

1. 测试并发量

Nginx 提供 Web 服务时，通常支持的并发量越大越好。下面将对默认配置下的 Nginx 进行并发量测试。本次测试将使用两台服务器，一台充当客户端，一台作为服务器端，如图 13.1 所示。

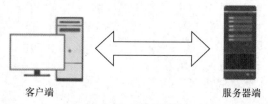

客户端　　　　　　　　　　服务器端

图 13.1　并发量测试

测试并发量需要使用 Apache Bench 工具，该工具安装在充当客户端的服务器上，示例代码如下：

```
[root@nginx ~]# yum -y install httpd-tools
```

安装完成之后，对服务器端进行并发量测试，示例代码如下：

```
[root@nginx ~]# ab -n 1000 -c 1000 http://192.168.0.104/
This is ApacheBench, Version 2.3 <$Revision: 1430300 $>
Copyright 1996 Adam Twiss, Zeus Technology Ltd, http://www.zeustech.net/
Licensed to The Apache Software Foundation, http://www.apache.org/


Benchmarking 192.168.0.104 (be patient)
Completed 100 requests
Completed 200 requests
Completed 300 requests
Completed 400 requests
Completed 500 requests
Completed 600 requests
Completed 700 requests
Completed 800 requests
Completed 900 requests
Completed 1000 requests
#完成 1000 个请求
Finished 1000 requests


#服务器端 Web 软件
Server Software:        nginx/1.16.1
#服务器端主机名
Server Hostname:        192.168.0.104
#服务器端端口号
Server Port:            80


#资源路径
Document Path:          /
#资源大小
Document Length:        157 bytes


#并发量
Concurrency Level:      1000
#访问用时
Time taken for tests:   15.110 seconds
#完成请求数量
Complete requests:      1000
#失败请求数量
Failed requests:        0
#写入错误数量
Write errors:           0
#状态码为 2xx 以外的数量
Non-2xx responses:      1000
#传输数据总量
Total transferred:      309000 bytes
#HTML 资源总量
HTML transferred:       157000 bytes
#平均每秒的请求数量
Requests per second:    66.18 [#/sec] (mean)
```

```
#平均每次并发请求所用时间
Time per request:        15110.043 [ms] (mean)
#平均每个请求所用时间
Time per request:        15.110 [ms] (mean, across all concurrent requests)
#平均每秒传输的数据量
Transfer rate:           19.97 [Kbytes/sec] received

Connection Times (ms)
              min  mean[+/-sd] median   max
Connect:        0    49  12.9      50     73
Processing:    27    79 354.8      62   9093
Waiting:       25    79 353.1      62   9020
Total:         98   128 353.7     111   9093

#处理请求所用的时间分布
Percentage of the requests served within a certain time (ms)
#50%的请求花费了111毫秒
  50%    111
#66%的请求花费了115毫秒
  66%    115
  75%    116
  80%    117
  90%    120
  95%    121
  98%    122
  99%    126
#所有请求共花费9093毫秒
 100%   9093 (longest request)
```

上述示例中，客户端发送了 1000 个请求，对服务器端进行访问，每次发送 1000 个请求，并且服务器端处理了全部请求。

接下来，增加客户端对服务器端的访问量，示例代码如下：

```
[root@nginx ~]# ab -n 1050 -c 1050 http://192.168.0.104/
This is ApacheBench, Version 2.3 <$Revision: 1430300 $>
Copyright 1996 Adam Twiss, Zeus Technology Ltd, http://www.zeustech.net/
Licensed to The Apache Software Foundation, http://www.apache.org/

Benchmarking 192.168.0.104 (be patient)
socket: Too many open files (24)
```

上述示例中，客户端对服务器端进行访问时发生了报错，这是由于访问量超过了系统默认允许打开文件的数量。

下面通过命令查看系统默认允许打开文件的数量，示例代码如下：

```
[root@nginx ~]# ulimit -a | grep open
open files                    (-n) 1024
```

从上述示例中可以看到，系统默认允许打开文件的数量为 1024。

接着，临时修改允许打开文件的最大数，示例代码如下：

```
[root@nginx ~]# ulimit -n 65535
You have new mail in /var/spool/mail/root
```

```
[root@nginx ~]# ulimit -a | grep open
open files                        (-n) 65535
```

上述示例中,已经临时将系统允许打开文件的最大数调整为 65535。

下面,再一次对服务器端进行访问,示例代码如下:

```
[root@nginx ~]# ab -n 2000 -c 2000 http://192.168.0.104/
...
Complete requests:      2000
Failed requests:        605
...
```

上述示例中,再次对服务器端进行了访问,发送的请求总量为 2000,但失败的请求数量为 605,这是由于服务器端没有调整系统允许打开文件的最大数。

然后,查看服务器端的错误日志,示例代码如下:

```
[root@lb ~]# cat /var/log/nginx/error.log
2020/02/11 23:53:51 [crit] 6817#6817: *22 open() "/usr/share/nginx/html/index.ht
ml" failed (24: Too many open files), client: 192.168.0.102, server: localhost,
request: "GET / HTTP/1.0", host: "192.168.0.104"
```

上述示例中,错误日志也提示了打开文件数量太多。

2. 优化并发量

为了使 Nginx 在服务器端提供更优越的性能,可以在 Nginx 配置文件中调整配置,以增加网站所能承受的并发量。

首先,在主配置文件中修改相关配置,示例代码如下:

```
[root@lb ~]# cat /etc/nginx/nginx.conf
#工作进程数
worker_processes   auto;
#最大打开文件数
worker_rlimit_nofile 65535;
events {
#工作进程的最大连接数
    worker_connections 65535;
#允许一个进程响应多个请求
    multi_accept on;
}
```

上述示例中,对 Nginx 主配置文件中的配置进行了修改,并添加了一些配置。其中,worker_processes 配置用于指定 Nginx 的工作进程数,此处为 auto,表示 Nginx 的工作进程数量根据 CPU 进行调配。worker_rlimit_nofile 表示 Nginx 最大打开文件数,worker_connections 表示每个工作进程的最大连接数。multi_accept 表示是否允许一个工作进程响应多个请求,此处配置值为 on,表示允许。

Nginx 支持多种工作模式,默认为 epoll 模式。下面通过示例对 Nginx 正在启用的工作模式进行查看。

首先,将错误日志级别设置为 info,示例代码如下:

```
[root@lb ~]# cat /etc/nginx/nginx.conf
http {
```

```
error_log /var/log/nginx/error.log info;
}
```

接着，查看 Nginx 的工作模式，示例代码如下：

```
[root@localhost conf.d]# cat /etc/nginx/nginx.conf
...
error_log  /var/log/nginx/error.log info;
...
[root@lb ~]# systemctl restart nginx
[root@lb ~]# rm -rf /var/log/nginx/error.log
[root@lb ~]# nginx -s reload
[root@lb ~]# cat /var/log/nginx/error.log | head -2
2020/02/23 03:21:08 [notice] 33614#33614: signal process started
2020/02/23 03:21:08 [notice] 32559#32559: using the "epoll" event method
```

从上述示例中可以看到，此时 Nginx 所开启的工作模式为 epoll 模式。

然后，再次通过客户端的 Apache Bench 工具对服务器端进行访问，示例代码如下：

```
[root@lb ~]# ab -n 2000 -c 2000 http://192.168.0.104/
...
Complete requests:      2000
Failed requests:        0
...
```

从上述示例中可以看到，服务器端完成了并发量测试，并且没有出现处理失败的请求。

13.1.2　用户访问

在 13.1.1 小节中，通过 Apache Bench 工具对服务器端进行了最多 2000 次的访问。但在企业中，一个网站被同一个客户端访问 2000 次，极有可能是被对方攻击了。如果没有做相应的防护措施，则很有可能被消耗大量资源，直到整个网站架构崩塌。通常企业中会部署防火墙来防止上述事件的发生，而在 Nginx 中也有着对用户访问进行限制的相关配置，防止网站被攻击。

1. 单个客户端并发量

下面将通过配置修改单个 IP 地址的并发量，示例代码如下：

```
[root@lb ~]# cat /etc/nginx/nginx.conf
http {
 limit_conn_zone $binary_remote_addr zone=perip:20m;
 limit_conn perip 20;
}
[root@lb nginx]# systemctl restart nginx
```

上述示例中，对单个 IP 地址的并发量进行了限制，并且 Nginx 将会提供一个 20MB 的空间，用于储存客户端 IP 地址。

配置完成之后，通过客户端中的 Apache Bench 工具对服务器端进行并发量测试，示例代码如下：

```
[root@nginx ~]# ab -n 100 -c 100 http://192.168.0.104/
Concurrency Level:      100
Time taken for tests:   3.022 seconds
Complete requests:      100
Failed requests:        80
   (Connect: 0, Receive: 0, Length: 80, Exceptions: 0)
```

　　上述示例中，客户端对服务器端进行了 100 次并发测试，其中服务器端处理了 100 次请求，但失败了 80 次，只成功处理了 20 次请求。说明服务器端的访问限制配置对同一 IP 地址发出的请求进行了限制。

2. 虚拟主机并发量

将访问限制配置添加到不同的字段中，能够实现不同级别的访问限制。

下面将对两台虚拟主机做不同的访问限制，示例代码如下：

```
[root@nginx ~]# cat /etc/nginx/nginx.conf
http {
include /etc/nginx/conf.d/qf.conf;
}

[root@nginx ~]# cat /etc/nginx/conf.d/qf.conf
server {
        listen 80;
        server_name 192.168.0.112;
limit_conn perip 10;
        location / {
        root /80;
        index index.html;
        }
}

server {
        listen 81;
        server_name 192.168.0.112;
limit_conn perip 20;
        location / {
        root /81;
        index index.html;
        }
}
```

　　上述示例中，在同一台服务器中创建了两台虚拟主机。分别将两台虚拟主机的服务器端口配置为 80 与 81，并分别做了 10 个请求与 20 个请求的访问限制。

　　接着，通过客户端向服务器端中的虚拟主机进行访问，示例代码如下：

```
[root@lb ~]# ab -n 100 -c 100 http://192.168.0.104:80/
...
Complete requests:      100
Failed requests:        90
...

[root@lb ~]# ab -n 100 -c 100 http://192.168.0.104:81/
...
Complete requests:      100
Failed requests:        80
...
```

　　上述示例中，分别对服务器端两台虚拟主机进行访问，并从结果中可以得知两台虚拟主机进行了不同的访问限制。

3. 网站传输速率

当客户端需要请求一些大文件时，如果一次性将文件传输给客户端，则可能影响其他客户端的访问效率。通常网站会对一些大型文件的传输进行限制，从而减小对其他用户的影响。

下面为服务器端修改相关配置，示例代码如下：

```
[root@nginx qianfeng]# cat /etc/nginx/nginx.conf
http {
...
#传输限速
limit_rate 100k;
#限速文件大小
limit_rate_after 10m;
...
}
[root@nginx qianfeng]# systemctl restart nginx
```

上述示例中，limit_rate 表示对文件传输进行限速，limit_rate_after 表示文件大小到达该值时将对文件进行限速。此处若没有配置 limit_rate_after 参数，则所有文件的传输都将进行限速。

接着，在网站根目录下创建一个大小为 50MB 的文件，示例代码如下：

```
[root@nginx qianfeng]# dd if=/dev/zero of=50M.file bs=1M count=50
10+0 records in
10+0 records out
10485760 bytes (10 MB) copied, 0.119823 s, 87.5 MB/s
```

上述示例中，dd 是 Linux 操作系统中常用的创建指定大小文件的命令，通过对块进行复制达到创建指定大小文件的目的。if 在该命令中表示输入文件，of 表示输出文件，bs 用于指定块的大小，count 用于指定块的数量。/dev/zero 是一个能够无限读取空字符的虚拟文件，此处复制了 50 个 1MB 的块，所以新文件大小为 50MB。

然后，通过客户端对服务器端中的新文件进行下载，示例代码如下：

```
[root@lb ~]# wget http://192.168.0.112/50M.file
--2020-02-14 03:33:08--  http://192.168.0.112/50M.file
Connecting to 192.168.0.112:80... connected.
HTTP request sent, awaiting response... 200 OK
Length: 52428800 (50M) [application/octet-stream]
Saving to: '50M.file'

25% [=====>                    ] 13,250,560  99.7KB/s  eta 81s
```

上述示例中，当服务器端向客户端传输文件时，传输效率始终控制在 100KB 以下，证明服务器端配置生效。

13.1.3 浏览器缓存

通常浏览器会对访问过的服务器端资源进行缓存，以提高下一次访问的效率。但当资源的的缓存过期之后，无论资源是否更新，浏览器都将对服务器端再次请求相关资源。而网站中的一些静态资源很少发生改变，因此延长静态资源（如图片、JS 文件等）的过期时间也成为网站优化的一部分。

首先，为网站中的静态资源配置过期时间，示例代码如下：

```
[root@nginx ~]# cat /etc/nginx/conf.d/qf.conf
server {
    ......
location ~ \.(gif|jpg|jpeg|png|bmp|swf)$ {
        root /qianfeng;
        access_log off;
        expires        30d;
        }
location ~ \.(css|js)$ {
        root /qianfeng;
        access_log off;
        expires        24h;
    }
}
```

上述示例中，将图片文件的过期时间设置为了 30 天，CSS 文件或 JS 文件的过期时间设置为了 24h。
接着，在网页文件中链接静态文件，示例代码如下：

```
[root@nginx qianfeng]# cat index.html
<html>
<head>
    <script src="Hello.js"></script>
</head>
<img src="python.png">
</html>
```

上述示例中，在网页文件中链接了名为 Hello.js 的 JS 文件与名为 python.png 的图片文件。
然后自行准备 JS 文件与图片文件，并将名称设置为与网页文件相同。
最后对网站资源进行访问，并开启浏览器的开发者模式，如图 13.2、图 13.3 所示。

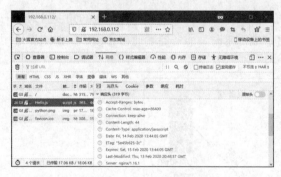
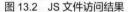

图 13.2　JS 文件访问结果

图 13.3　图片文件访问结果

从图 13.2、图 13.3 中可以看到，静态文件的缓存过期时间已经生效，图片文件的缓存过期时间为 30 天，JS 文件的缓存过期时间为 24h。

需要注意的是，即使服务器端没有指定静态文件的过期时间，浏览器自身也会对静态资源进行缓存，但服务器端指定了静态文件的过期时间则可以延长静态文件的有效时间。

延长静态文件的有效时间之后，可以有效降低网站购买的带宽，同时提升用户的访问体验，并且也能减小服务器压力，节约服务器成本。

但此类方式可能延迟客户端的资源更新，导致造成较差的用户体验。因此，在调整静态资源缓存过期时间时，需要按照具体业务进行调整，同时建议不要缓存一些更新频繁的文件。

13.1.4　其他优化方式

1. 硬件优化

硬件配置是网站业务的基础，通常服务器的硬件配置决定软件的工作效率。因此，服务器的硬件配置也决定着线上业务的稳定性，如 CPU、内存等。

2. 文件压缩

启用 Nginx 文件压缩模块，将会为网站节约带宽，加快文件传输速度，使用户有更好的访问体验，也为企业节约成本。但在配置文件压缩比例时，需要按照实际情况配置，这样既可以加快文件传输速度，也不会在压缩文件时占用大量资源，影响其他业务。

3. 传输模式

通过开启 Nginx 文件传输模块，针对不同类型的文件，配置不同的文件传输模式，可以使 Nginx 达到高效的传输。

4. 防盗链

合理利用防盗链配置，可以防止网站链接被盗取，造成流量损失，也属于网站优化的一项措施。

13.2　分布式集群

13.2.1　集群

1. 概念

集群是通过部署多台服务器，使它们集中为用户提供一种服务，并且从客户端的角度看只是一台服务器。当服务器端使用一台服务器无法满足客户端需求时，服务器端通常会创建集群来满足用户更高的需求，如图 13.4 所示。

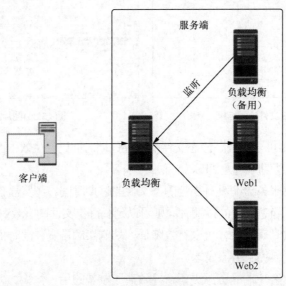

图 13.4　服务器端集群

　　首先，需要在服务器端集群的第一台服务器中安装相关的集群软件，通过集群软件对集群进行定义并创建数据库。接着，为集群提供一个公用数据储存设备，使各节点之间可以进行数据共享。最后，为集群中其他服务器安装集群软件，可使新成员加入集群。每当有新服务器加入集群时，新服务器都将获取共享资源，并向集群中其他服务器共享自身资源。

　　2．节点状态

　　集群中的节点通常有三种状态，分别是脱机、联机、暂停。

　　脱机是指该节点目前不是集群中能够进行工作并与其他节点连接的节点，也就是集群中的无效节点。

　　联机是指该节点在集群中处于正常状态，能够进行正常工作并与其他节点进行连接，也就是集群中的有效节点。

　　暂停是指该节点暂停工作但仍与其他节点连接的状态，通常节点在进行维护时都会处于该状态。

　　3．特点

　　集群相较于单台服务器来说，有着不容小觑的优势。

　　（1）高可用性

　　各节点之间处于连接的状态，相互之间存在着一种监听机制。当其中一个节点发生故障时，其他节点将通过监听机制得知该节点发生了故障，接着其他节点将接手故障节点的工作，并且整个系统将与故障节点进行隔离。

　　（2）可扩展性

　　随着用户的需求增大，可以将新的服务器加入集群，分担整个集群的压力，从而增强集群的性能。

　　（3）资源共享

　　在整个集群中，所有的资源都是处于共享状态的，并且多个节点共享存储空间。

　　集群中的应用只在一个节点上运行。当应用节点故障之后，另一个节点将重启这个应用并接管其产生的所有数据，保证服务继续运行。在完全接管服务之前，备份节点首先需要确定应用节点故障，然后重启该应用，最后接管应用数据。这个过程将会消耗一定的时间，可能会对网站造成损失。

　　4．实现方式

　　通常集群的实现方式有两种，分别是高可用与负载均衡。

　　（1）高可用

　　高可用是指将相同的服务配置给两个或两个以上的节点，其中一个或几个作为主节点。当主节点发生故障时，从节点代替主节点继续工作，其目的就是让集群能够不间断地提供服务。

　　（2）负载均衡

　　负载均衡是为多个相同服务的节点配置一个负载均衡节点，通过负载均衡机制检测各节点的健康状况。当其中一个节点发生故障时，负载均衡节点将会把故障节点剔除，使用户不会访问到故障节点，其目的是让各个服务节点分担工作压力。

13.2.2　分布式

　　创造分布式的目的与集群相同，都是为了增强服务器端的性能。但区别是，分布式相当于一种工作方式，将工作分为几个部分，分别交由不同节点进行处理，也就是由多个节点共同完成一项任务。

分布式的工作方式不仅可以使工作效率提高，而且有着较高的灵活性，可以将任务按照节点配置灵活分配。

当其中一个工作节点故障时，整个工作任务仍可继续，但任务的执行结果是不完整的。

分布式中的每一个节点都可以做集群，但集群不一定是分布式的。

对如今庞大的互联网企业来说，汲取集群与分布式的优势，将一个工作任务分为几部分，分发给不同的集群进行处理，组成分布式集群架构，是满足目前用户需求的一项重要手段，如图 13.5 所示。

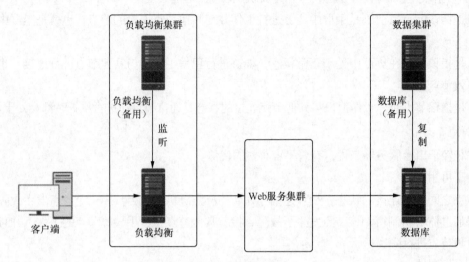

图 13.5　分布式集群

从图 13.5 中可以看到，图中将负载均衡、Web 服务、数据库进行了分布式部署，并配置了集群。要完成图 13.5 所示的网站架构部署，必须准备 5 台可用的服务器，具体如表 13.1 所示。

表 13.1　　　　　　　　　　　　　　　　实验环境

服务器	主机名	应用服务	IP 地址
负载均衡与反向代理	lb_master	Nginx	192.168.0.108
负载均衡与反向代理	lb_backup	Nginx	192.168.0.109
Web 服务器	Web1	Nginx	192.168.0.110
数据库服务器	mariadb_master	MariaDB	192.168.0.112
数据库服务器	mariadb_slave	MariaDB	192.168.0.113

13.3　负载均衡的高可用

本节将通过 Nginx 与 Keepalived 进行整合，实现负载均衡的高可用。

13.3.1　负载均衡与反向代理

首先，将一台服务器的主机名修改为 lb_master，表示这台服务器是负载均衡的主服务器，示例代码如下：

```
#临时修改
```

```
[root@localhost ~]# hostname lb_master
#永久修改
[root@localhost ~]# hostnamectl set-hostname lb_master
```

修改完成之后，通过终端重新连接服务器即可显示新的主机名。

下面将在服务器中配置负载均衡，示例代码如下：

```
[root@lb_master ~]# cat /etc/nginx/nginx.conf
http {
upstream html {
        server 192.168.0.110:80;
}
}
[root@lb_master ~]# cat /etc/nginx/conf.d/lb.conf
server {
        listen 80;
        server_name qianfeng.com;
location / {
proxy_pass   http://html;
}
}
```

上述示例中给其中一台服务器配置了负载均衡，并且将一台 Web 服务器配置到服务器组中。

接着，为服务器配置反向代理，示例代码如下：

```
[root@lb_master ~]# cat /etc/nginx/conf.d/lb.conf
server {
location / {
proxy_redirect default;
proxy_set_header Host $http_host;
proxy_set_header X-Real-IP $remote_addr;
proxy_set_header X-Forwarded-For $proxy_add_x_forwarded_for;
}
}
```

配置完成之后，重启 Nginx 服务，使配置生效。

此时第一台服务器的负载均衡与反向代理的整合已经完成。如果通过虚拟机进行实验，则对第一台虚拟机进行复制；如果通过服务器进行实验，则按照第一台服务器的配置，对第二台负载均衡服务器进行配置。

为了更好地区分，将第二台服务器的主机名修改为 lb_backup，示例代码如下：

```
[root@localhost ~]# hostnamectl set-hostname lb_backup
```

然后为其配置第二台 Web 服务器，示例代码如下：

```
[root@lb_backup ~]# cat /etc/nginx/nginx.conf
http {
upstream html {
        server 192.168.0.111:80;
}
}
[root@lb_backup ~]# cat /etc/nginx/conf.d/lb.conf
server {
        listen 80;
```

```
        server_name qianfeng.com;
location / {
proxy_pass    http://html;

proxy_redirect default;
proxy_set_header Host $http_host;
proxy_set_header X-Real-IP $remote_addr;
proxy_set_header X-Forwarded-For $proxy_add_x_forwarded_for;
}
}
```

配置完成之后，重启 Nginx 服务。

13.3.2　高可用

高可用（High Availability）是指通过专门的架构设计，减少业务维护时间，增加线上业务的高度可用性。如果一个业务能够一直提供服务给用户，则业务的可用性为 100%。如果一个业务每运行 100 个时间单位，就会有一个时间单位无法提供服务，则该业务的可用性为 99%。大多数企业的业务都追求 99.99%的可用性，也就是在一年中有 8.76 小时的停机时间。

通常，高可用的配置都是为了防止单点故障，保证在一台服务器宕机的同时还能提供服务。防止单点故障的常用方法就是做冗余，即为一个主节点配置从节点，当主节点故障时，从节点代替主节点继续提供服务。常用的高可用软件有 HeartBeat、Pacemaker、Piranha、Keepailved 等。

本次案例将通过配置 Keepalived 实现负载均衡之间的高可用。

Keepalived 具有虚拟路由冗余协议（Virtual Router Redundancy Protocol，VRRP）的功能，并以该功能为基础实现高可用。将几台提供相同功能的服务器组成一个服务器组，这个组里面有一个 master 服务器与一个或多个 backup 服务器。master 服务器上有一个对外提供服务的 VIP（Virtual IP），即对外提供服务的 IP 地址，该服务器所在局域网内其他机器的默认路由为该 VIP。master 服务器会发送心跳信息（组播）。当 backup 服务器收不到 master 服务器发出的心跳信息时，就认定 master 服务器发生了故障。这时就需要根据 VRRP 的优先级来选举一个 backup 服务器充当 master 服务器，并继续提供服务。

Keepalived 主要有三个模块，分别是 CORE、CHECK 及 VRRP。

CORE 模块为 Keepalived 的核心，负责主进程的启动、维护以及全局配置文件的加载和解析。

CHECK 模块负责健康检查。

VRRP 模块用于实现 VRRP。

1. master

配置 Keepalived 需要先进行安装，示例代码如下：

```
[root@lb_master ~]# yum install keepalived ipvsadm -y
```

在生产环境中，也可以到官方网站获取软件包进行源码安装。安装完成之后，暂时不要启动软件。在 Keepalived 的配置文件中进行修改，示例代码如下：

```
[root@lb_master ~]# cat /etc/keepalived/keepalived.conf
! Configuration File for keepalived
global_defs {
```

```
#设备在组中的标识, 设置不一样即可
 router_id 1
 }

#VI_1 为实例名, 两台服务器保持相同
vrrp_instance VI_1 {
#状态
    state MASTER
#监控网卡
    interface ens33
#心跳源 IP 地址
    mcast_src_ip 192.168.0.108
#虚拟路由编号, 主从一致
    virtual_router_id 55
#优先级
    priority 100
#心跳间隔
    advert_int 1

#密钥验证(1～8 位)
    authentication {
        auth_type PASS
        auth_pass 123456
    }

#VIP
    virtual_ipaddress {
    192.168.0.10/24
        }
}
```

接下来, 对上述示例中的重要参数进行详解。

- ! Configuration File for keepalived 是 keepalived 配置文件的开头, 必须以 "!" 开头。
- router_id 表示该设备在集群中的标识, 必须保证与其他服务器不一致。
- vrrp_instance VI_1 表示 VRRP 中的实例 (虚拟路由), 其中 VI_1 表示实例名, 允许用户自定义。
- state 表示服务器状态, 其值通常为 MASTER 或 BACKUP。
- interface 用于指定检测的网卡, 通常服务器为 eth0, 虚拟机则以 "ens" 开头。
- mcast_src_ip 表示该服务器的 IP 地址。
- virtual_router_id 表示虚拟路由的编号, 两台服务器必须保持一致。
- priority 表示优先级 (权重), 通常 master 服务器的权重要高于 backup 服务器, 允许用户在 0~254 进行自定义。
- advert_int 表示 master 服务器与 backup 服务器进行健康检查的时间间隔。
- authentication 表示密钥验证信息, 保持主从同步, 否则无法进行匹配。
- auth_type 表示验证类型, PASS 表示密码验证。
- auth_pass 表示验证使用的密码。
- virtual_ipaddress 表示 VIP 地址池。

Keepalived 配置文件中还有更多的配置，将会在之后的内容中进行介绍。

接着，为 master 负载均衡服务器后面的 Web 服务器配置页面文件，示例代码如下：

```
[root@web1 ~]# cat /usr/share/nginx/html/index.html
master
```

然后，启动 Nginx 与 Keepalived，并为 Keepalived 配置开机启动，示例代码如下：

```
[root@web1 ~]# systemctl start nginx
[root@lb_master ~]# systemctl enable keepalived.service
[root@lb_master ~]# systemctl start keepalived.service
```

最后对 VIP 地址进行访问，如图 13.6 所示。

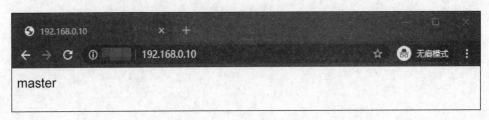

图 13.6　VIP 地址访问结果 1

此时，master 负载均衡服务器的 Web 服务器已经可以被用户进行访问。

2. backup

下面为 backup 服务器安装 Keepalived，然后进行配置，示例代码如下：

```
[root@lb_backup ~]# cat /etc/keepalived/keepalived.conf
! Configuration File for keepalived
global_defs {
 router_id 2
 }

vrrp_instance VI_1 {
    state BACKUP
    interface ens33
    mcast_src_ip 192.168.0.109
    virtual_router_id 55
    priority 99
    advert_int 1

    authentication {
        auth_type PASS
        auth_pass 123456
    }

    virtual_ipaddress {
    192.168.0.10/24
        }

}
```

上述示例中需要注意的是，将状态配置为 "BACKUP"，并且优先级不能高于 master 服务器。

接着，为 backup 服务器后面的 Web 服务器配置页面文件，示例代码如下：

```
[root@web2 ~]# cat /usr/share/nginx/html/index.html
backup
```

然后，启动 Nginx 与 Keepalived，并为 Keepalived 配置开机启动，示例代码如下：

```
[root@web2 ~]# systemctl start nginx
[root@lb_backup ~]# systemctl enable keepalived.service
[root@lb_backup ~]# systemctl start keepalived.service
```

此时如果对 VIP 地址进行访问，仍会访问到 master 服务器。为了获取实验效果，将 master 服务器中的 Keepalived 关闭，模拟 master 服务器故障，再对 VIP 地址进行访问，如图 13.7 所示。

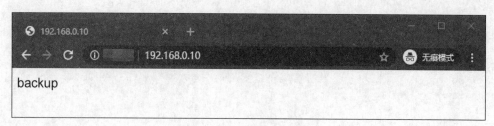

图 13.7　VIP 地址访问结果 2

从图 13.7 中可以看到，此时已能够访问到 backup 服务器，证明 Keepalived 配置生效，实现了高可用。

但当开启 Keepalived 并关闭 Nginx 时，网站不被访问，backup 服务器不会接手 master 服务器的业务。这是由于，Keepalived 只能互相监听对方的状态，却无法监听到其他应用的运行状态。如果服务器中的服务程序出现了故障，导致服务不可被用户访问，Keepalived 则不会让 backup 服务器提供服务。

在 Keepalived 配置文件中代入相关应用的脚本之后，即可实现应用级的高可用，示例代码如下：

```
[root@lb_master ~]# cat /etc/keepalived/ck_ng.sh
#!/bin/bash
#检查 Nginx 进程是否存在
counter=$(ps -C nginx --no-heading|wc -l)
if [ "${counter}" = "0" ]; then
#尝试启动一次 Nginx，停止 5s 后再次检测
    service nginx start
    sleep 5
    counter=$(ps -C nginx --no-heading|wc -l)
#如果启动没有成功，就关闭 Keepalive 触发主从切换
    if [ "${counter}" = "0" ]; then
        service keepalived stop
    fi
fi
```

上述示例中，在 Keepalived 的配置文件目录下创建了一个 Shell 脚本，用于检查 Nginx 的状态。每 5s 尝试启动一次 Nginx，当 Nginx 无法启动时，系统就会关闭 Keepalived 程序，使 backup 服务器替代 master 服务器进行工作。Shell 脚本配置完成之后，赋予脚本执行权限，示例代码如下：

```
[root@lb_master ~]# chmod +x /etc/keepalived/ck_ng.sh
```

脚本有了执行权限之后，将脚本带入 Keepalived 配置文件，示例代码如下：

```
[root@lb_master ~]# cat /etc/keepalived/keepalived.conf
#健康检查
vrrp_script chk_nginx {
#检查脚本
script "/etc/keepalived/ck_ng.sh"
#检查频率,单位为 s
interval 2
#priority 减 5
weight -5
#失败三次
fall 3
}
#引用脚本
track_script {
chk_nginx
}
[root@lb_master ~]# systemctl restart keepalived
```

上述示例中，不仅在 Keepalived 配置文件中代入了 Shell 脚本，还添加了检查脚本的配置，配置完成之后重启应用。

此时关闭 master 服务器的 Nginx 服务，并访问 VIP 地址，将会访问到 backup 服务器的 Web 页面。

13.4 动静分离

动静分离是指在 Web 架构中，将动态资源与静态资源分别部署在不同系统中的架构设计方案，其目的是提升架构的性能与可维护性，如图 13.8 所示。

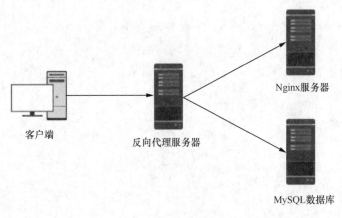

图 13.8 动静分离

从图 13.8 中可以看到，网站的静态资源在 Nginx 服务器中，动态资源在 MySQL 数据库中。由反向代理服务器对客户端的请求进行区分。如果是静态请求，则转发给 Nginx 服务器进行处理；如果是动态请求，则转发给 MySQL 数据库进行处理。

下面将在上述实验中的服务器上部署相关的动态业务。

1. 配置反向代理

对反向代理服务器中的规则进行修改，示例代码如下：

```
[root@lb_master ~]# cat /etc/nginx/nginx.conf
http {
...
upstream web1 {
        server 192.168.0.110;
}
upstream web2 {
        server 192.168.0.111;
}
}
[root@lb_master ~]# cat /etc/nginx/conf.d/default.conf
server {
...
location / {
    proxy_pass   http://web1;
}
location ~* \.(png|jpg|jpeg)$ {
    proxy_pass http://web2;
}
...
}
```

上述示例中，对反向代理的分发规则进行了修改。如果访问的是格式为.png 等的静态资源，就从 Web2 服务器调用；如果访问的是其他格式的资源，就从 Web1 服务器调用。

2. 部署 PHP

首先，在 Web1 服务器中安装 PHP 及其依赖包，示例代码如下：

```
[root@web1 ~]# yum install -y php-fpm php-mysql php-gd
```

接着，启动 PHP 并检查其状态，示例代码如下：

```
[root@web1 ~]# systemctl restart php-fpm
[root@web1 ~]# systemctl enable php-fpm
Created symlink from /etc/systemd/system/multi-user.target.wants/php-fpm.service
 to /usr/lib/systemd/system/php-fpm.service.
[root@web1 ~]# netstat -anpt | grep 9000
tcp 0 0 127.0.0.1:9000 0.0.0.0:* LISTEN 14205/php-fpm: mast
```

3. 部署 MariaDB

Web1 服务器中的 PHP 安装完成之后，在第一台数据库服务器（mariadb_master）中部署数据库服务，示例代码如下：

```
[root@mariadb_master ~]# yum -y install mariadb-server mariadb
```

此处在 mariadb_master 服务器中安装的 MariaDB 是一款数据库服务，由 MySQL 之父维德纽斯（Widenius）开发，属于 MySQL 的分支，可以完全兼容 MySQL，甚至一些性能比 MySQL 更加优越。MariaDB 安装完成之后，将服务开启，示例代码如下：

```
[root@mariadb_master ~]# systemctl start mariadb
[root@mariadb_master ~]# systemctl enable mariadb
```

然后，配置 MariaDB 数据库密码，示例代码如下：
```
[root@mariadb_master ~]# mysql admin password '123456'
```

上述示例中，将 MariaDB 数据库密码配置为"123456"。只需要在命令中添加密码即可进入数据库，示例代码如下：

```
[root@mariadb_master ~]# mysql -uroot -p123456
Welcome to the MariaDB monitor.  Commands end with ; or \g.
Your MariaDB connection id is 5
Server version: 5.5.64-MariaDB MariaDB Server

Copyright (c) 2000, 2018, Oracle, MariaDB Corporation Ab and others.

Type 'help;' or '\h' for help. Type '\c' to clear the current input statement.

MariaDB [(none)]> create database bbs;
Query OK, 1 row affected (0.00 sec)

MariaDB [(none)]> show databases;
+--------------------+
| Database           |
+--------------------+
| information_schema |
| bbs                |
| mysql              |
| performance_schema |
| test               |
+--------------------+
5 rows in set (0.00 sec)

MariaDB [(none)]> grant all on bbs.* to root@'192.168.0.111' identified by '1234
56';
Query OK, 0 rows affected (0.01 sec)

MariaDB [(none)]> flush privileges;
Query OK, 0 rows affected (0.01 sec)

MariaDB [(none)]> \q
Bye
```

上述示例中，创建了一个名为"bbs"的数据库，用于存放 Web1 服务器中的业务数据，并将 bbs 数据库的权限授予 Web1 服务器中的 root 用户，最后刷新数据库权限。在 Web1 服务器的网站根目录下编写 PHP 测试脚本并配置 fastCGI，可以测试 Web 服务器是否能够与数据库进行对接。

4. 部署业务

数据库配置完成之后，在 Web2 服务器中开始将业务上线，示例代码如下。

为了确保实验的顺利进行，此处通过 Discuz 包模拟需要上线的软件包，Discuz 包可以通过 Discuz 官方网站获取。

获取软件包之后进行解压缩，示例代码如下：

```
[root@nginx ~]# unzip Discuz_X3.3_SC_UTF8.zip
[root@nginx ~]# ls upload/
admin.php      cp.php              home.php      portal.php    uc_client
```

```
api             crossdomain.xml  index.php       robots.txt   uc_server
api.php         data             install         search.php   userapp.php
archiver        favicon.ico      member.php      source
config          forum.php        misc.php        static
connect.php     group.php        plugin.php      template
```

为保证业务正常上线，将之前的 PHP 页面删除，示例代码如下：

```
[root@nginx ~]# rm -rf /usr/share/nginx/html/index.php
```

然后，将软件包目录下所有文件备份到页面路径下，示例代码如下：

```
[root@nginx ~]# cp -rf upload/* /usr/share/nginx/html/
```

授予该路径相应的权限，示例代码如下：

```
[root@nginx ~]# chown -R nginx.nginx /usr/share/nginx/html/*
```

有了执行权限，业务就可以在线上运行。重启 Nginx 服务，即可访问到该业务，如图 13.9 所示。单击"我同意"，进入安装界面，如图 13.10 所示。

图 13.9　访问线上业务

图 13.10　安装界面

如果在图 13.10 所示的界面中出现部分文件不可写的情况，可以通过终端对各文件与目录授予相关权限，示例代码如下：

```
[root@web1 html]# chmod -R 777 ./*
```

授予文件与目录相关权限之后，上述问题即可得到解决，如图 13.11 所示。

图 13.11　授权完成

单击"下一步"，即可设置运行环境，如图 13.12 所示。

图 13.12　运行环境

选择"全新安装"并单击"下一步"，开始填写数据库与网站管理员信息，如图 13.13 所示。填写数据库信息时，必须保证信息的真实性，否则将无法连接到数据库。

填写完成之后，单击"下一步"即可开始安装。安装完成之后，再次访问网站，如图 13.14 所示。

图 13.13　数据库与网站管理员信息 　　　　图 13.14　安装完成

此时，业务已经正式上线。再次访问 VIP 地址，同样也可以访问到业务。

接着，将 Web1 服务器中的网站资源备份到 Web2 服务器中，示例代码如下：

```
[root@web1 ~]# scp -r /usr/share/nginx/html/* 192.168.0.111:/usr/share/nginx/html/
```

备份完成之后，访问 VIP 地址。

访问之后，查看 Web2 服务器的访问日志，示例代码如下：

```
10.0.17.10 - - [07/May/2020:23:37:45 +0800] "GET /static/image/common/security.png HTTP/1.0" 200 2203 "http://10.0.17.10/forum.php" "Mozilla/5.0 (Windows NT 10.0; Win64; x64; rv:75.0) Gecko/20100101 Firefox/75.0" "-"
```

从上述示例中可以看到，在访问网站之后，反向代理服务器向 Web2 服务器调用了图片资料，证明动静分离配置成功。

13.5　主从复制

13.5.1　主从复制原理

主从复制，也称 AB 复制，允许将来自一个数据库服务器（主服务器）的数据复制到一个或多个数据库服务器（从服务器）。通常主从复制是异步的，从服务器不需要永久连接主服务器。

1. 主从复制的优势

以下讲解 4 条数据库服务器主从复制的优势。

（1）横向扩展解决方案

主从复制时可以在多个从服务器之间分配负载以提高性能。在此环境中，所有写入和更新都必须在主服务器上进行。但是，读取可以在一个或多个从设备上进行。该模型可以提高写入性能（主设备专用于更新），同时显著提高越来越多的从设备的读取速度。

（2）数据安全性

因为数据被复制到从服务器，并且从服务器可以暂停复制过程，所以可以在从服务器上运行备份服务而不会破坏相应的主数据。

（3）分析

主从复制可以在主服务器上创建实时数据，而信息分析可以在从服务器上进行，而不会影响主服务器的性能。

（4）远程数据分发

用户可以使用复制为远程网站创建数据的本地副本，而无须永久访问主服务器。

2. 二进制日志原理

在日常生活中，通常人们所使用的支付软件自带一个会记录所有收支明细的记账本，该账本只会记录账户金额有变动的操作，并不会记录查询之类的操作。二进制日志就像数据库的记账本一样，记录了修改数据或可能引起数据变更的 MySQL 语句，并且记录了语句发生时间、执行时长、操作数据等其他信息，但它不记录 SELECT、SHOW 等不修改数据的 SQL 语句。所以，二进制日志主要用于数据恢复和主从复制。

二进制日志有三种记录方式，具体如下所示。

（1）statement 模式

statement 模式用于记录对数据库做出修改的语句，如 update A set test='test'。如果使用 statement 模式，那么这条 update 语句将会被记录到二进制日志中。使用 statement 模式的优点是 binlog 日志量少，I/O 压力小，性能较高。缺点是为了能够尽量完全一致地还原操作，除了记录语句本身以外，可能还需要记录一些相关的信息；而且，当使用一些特定的函数时，并不能保证恢复操作与记录时完全一致。

（2）row 模式

row 模式用于记录对数据库做出修改的语句所影响到的数据行以及这些行的修改，如 update A set test='test'。如果使用 row 模式，那么这条 update 语句所影响到的行对应的修改将会记录到 binlog 中。

如 A 表中有 1000 条数据，那么当执行这条 update 语句以后，由于 1000 条数据都会被修改，所以会有 1000 行数据及其修改方式被记录到二进制日志中。使用 row 模式的优点是能够完全还原或者复制日志被记录时的操作；缺点是记录日志量较大，I/O 压力大，性能消耗较大。

（3）mixed 模式

mixed 模式混合使用上述两种模式，即一般语句使用 statement 模式进行保存；如果遇到一些特殊的函数，则使用 row 模式进行记录。看上去这种方式似乎比较美好，但是在生产环境中，保险起见，一般会使用 row 模式。

MySQL 二进制默认的记录方式是 statement 模式。

3. 主从复制的过程

MySQL 的主从复制是一个异步的复制过程，数据从一个 MySQL 数据库（Master）复制到另外一个 MySQL 数据库（Slave），在 Master 与 Slave 之间，实现整个主从复制的过程是由三个线程参与完成的。其中有两个线程（SQL 线程和 I/O 线程）在 Slave 端，另外一个线程（I/O 线程）在 Master 端。

要实现 MySQL 的主从复制，首先必须打开 Master 端的 binlog 日志记录功能，否则无法实现。因为整个复制过程实际上就是 Slave 端从 Master 端获取 binlog 日志，然后在 Slave 上以相同的顺序执行获取的 binlog 日志记录的各种 SQL 操作。

要打开 MySQL 的 binlog 日志记录功能，可以通过在 MySQL 的配置文件 my.cnf 中的 mysqld 模块增加 log_bin 参数来实现。

主从复制具体过程如图 13.15 所示。

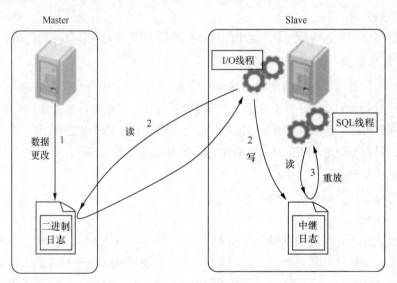

图 13.15　主从复制具体过程

从图 13.15 中可以看到，复制步骤有以下三步。

① 在主数据库上把数据更改记录到二进制日志（Binary Log）中；

② 从数据库 I/O 线程将主数据库上的日志复制到自己的中继日志（Relay Log）中；

③ 从数据库 SQL 线程读取中继日志中的事件，将其重放到备库数据库上。

13.5.2　实现主从复制

本示例沿用上述示例中的 mariadb_master 服务器和 mariadb_slave 服务器。实现主从复制之前，先给 mariadb_slave 服务器安装 MariaDB 数据库，并初始化数据库。

首先，在 MariaDB 匹配文件中的[mysql d]段下开启二进制文件，示例代码如下：

```
[root@mariadb_master ~]# cat /etc/my.cnf
[mysql d]
...
log_bin
server-id=1
...
```

配置完成之后，重启 MariaDB 服务，示例代码如下：

```
[root@mariadb_master ~]# systemctl restart mariadb
```

接着，在 mariadb_master 服务器的 MariaDB 中创建用于复制的库，并将权限授予 mariadb_slave 服务器，示例代码如下：

```
[root@mariadb_master ~]# mysql -uroot -p123456
Welcome to the MariaDB monitor.  Commands end with ; or \g.
Your MariaDB connection id is 5
Server version: 5.5.64-MariaDB MariaDB Server

Copyright (c) 2000, 2018, Oracle, MariaDB Corporation Ab and others.

Type 'help;' or '\h' for help. Type '\c' to clear the current input statement.

MariaDB [(none)]> CREATE DATABASE apply DEFAULT CHARSET utf8mb4 COLLATE utf8mb4_
general_ci;
Query OK, 1 row affected (0.00 sec)

MariaDB [(none)]>  grant all on apply.* to root@'192.168.0.113' identified by '1
23456';
Query OK, 0 rows affected (0.01 sec)

MariaDB [(none)]> flush privileges;
Query OK, 0 rows affected (0.01 sec)

MariaDB [(none)]> select user,host  from mysql .user;
+---------+-----------------------+
| user    | host                  |
+---------+-----------------------+
| phptest | %                     |
| root    | %                     |
| root    | 127.0.0.1             |
| root    | 192.168.0.113         |
| root    | ::1                   |
|         | localhost             |
| root    | localhost             |
|         | localhost.localdomain |
| root    | localhost.localdomain |
+---------+-----------------------+
12 rows in set (0.00 sec)
```

```
MariaDB [(none)]> \q
Bye
```

上述示例中，创建了名为"apply"的库，并将权限授予了 mariadb_slave 服务器。其中，"select user,host from mysql .user;"语句用于查看拥有权限的用户信息。

然后，在 mariadb_slave 服务器通过 MariaDB 登录 mariadb_master 服务器的数据库，检验是否授权成功，示例代码如下：

```
[root@mariadb_slave ~]# mysql -h 192.168.0.112 -uroot -p123456
Welcome to the MariaDB monitor.  Commands end with ; or \g.
Your MariaDB connection id is 9
Server version: 5.5.64-MariaDB MariaDB Server

Copyright (c) 2000, 2018, Oracle, MariaDB Corporation Ab and others.

Type 'help;' or '\h' for help. Type '\c' to clear the current input statement.

MariaDB [(none)]> show databases;
+--------------------+
| Database           |
+--------------------+
| information_schema |
| apply              |
| test               |
+--------------------+
3 rows in set (0.00 sec)

MariaDB [(none)]> \q
Bye
```

上述示例中，在 mariadb_slave 服务器通过 MariaDB 登录了 mariadb_master 服务器的数据库，并且能够查看到名为"apply"的库。注意，登录数据库时使用的用户必须是经过授权的用户。

在 mariadb_slave 服务器的 MariaDB 配置文件中添加配置，使 mariadb_slave 服务器加入集群，示例代码如下：

```
[root@mariadb_slave ~]# cat /etc/my.cnf
[mysql d]
server-id=2
```

然后，对 mariadb_master 服务器中的数据进行备份，示例代码如下：

```
[root@mariadb_master ~]# mysqldump -p'123456' --all-databases --single-transacti
on --master-data=2 --flush-logs > `date +%F`-mysql-all.sql
[root@qfedu-master1 ~]# ls
2020-02-21-mysql-all.sql
```

上述示例中，对此时 mariadb_master 服务器产生的数据进行了备份。

接着，将备份好的数据发送到 mariadb_slave 服务器，示例代码如下：

```
[root@mariadb_master ~]# scp -r 2020-02-22-mysql-all.sql 192.168.0.113:/tmp
The authenticity of host '192.168.0.114 (192.168.0.114)' can't be established.
ECDSA key fingerprint is SHA256:quzer/+4KKHmVVCNHvWFTzEhyUI5d/JCx0mtLZ61QPw.
ECDSA key fingerprint is MD5:4b:85:09:d0:2d:1d:94:d0:2e:7f:a3:be:3e:33:15:eb.
```

```
Are you sure you want to continue connecting (yes/no)? yes
Warning: Permanently added '192.168.0.114' (ECDSA) to the list of known hosts.
root@192.168.0.114's password:
2020-02-22-mysql-all.sql                    100%  539KB  75.2MB/s   00:00
```

上述示例中，已经将数据发送到 mariadb_slave 服务器的/tmp/路径下。

下面在数据文件中查看二进制日志分割点，示例代码如下：

```
[root@mariadb_slave ~]# ls /tmp/
2020-02-21-mysql -all.sql
[root@mariadb_slave ~]# cat /tmp/2020-02-22-mysql-all.sql
...
-- CHANGE MASTER TO MASTER_LOG_FILE='mariadb-bin.000003', MASTER_LOG_POS=245;
...
```

查看之后，先将二进制日志关闭，再将数据上传到数据库中，示例代码如下：

```
[root@mariadb_slave ~]# mysql -uroot -p123456
Welcome to the MariaDB monitor.  Commands end with ; or \g.
Your MariaDB connection id is 3
Server version: 5.5.64-MariaDB MariaDB Server

Copyright (c) 2000, 2018, Oracle, MariaDB Corporation Ab and others.

Type 'help;' or '\h' for help. Type '\c' to clear the current input statement.

MariaDB [(none)]> set sql_log_bin=0;
Query OK, 0 rows affected (0.00 sec)

MariaDB [(none)]> source /tmp/2020-02-21-mysql -all.sql
Query OK, 0 rows affected (0.00 sec)
...
```

然后，在 mariadb_slave 服务器中将 mariadb_master 设置为主数据库，示例代码如下：

```
MariaDB [(none)]> change master to master_host='192.168.0.112',master_user='root',
master_password='123456',master_log_file='mariadb-bin.000003',master_log_pos=245;
Query OK, 0 rows affected, 2 warnings (0.00 sec)
```

上述示例中，将 mariadb_master 服务器设置为主数据库，并且指定了登录所使用的用户名与密码，以及二进制文件的分隔点数据。

配置完成之后，开启 mariadb_slave 服务器同步功能，示例代码如下：

```
MariaDB [(none)]> start slave;
Query OK, 0 rows affected (0.00 sec)
```

在不出错的情况下，此时两台数据库服务器已经完成了对接。

为了验证两台数据库服务器是否完成了对接，可以查看 mariadb_slave 服务器数据库的运行状态，示例代码如下：

```
MariaDB [(none)]> show slave status\G;
*************************** 1. row ***************************
               Slave_IO_State: Waiting for master to send event
                  Master_Host: 192.168.0.112
                  Master_User: root
                  Master_Port: 3306
```

```
                    Connect_Retry: 60
                  Master_Log_File: mariadb-bin.000004
              Read_Master_Log_Pos: 245
                   Relay_Log_File: mariadb-relay-bin.000005
                    Relay_Log_Pos: 531
            Relay_Master_Log_File: mariadb-bin.000004
                 Slave_IO_Running: Yes
                Slave_SQL_Running: Yes
                  Replicate_Do_DB:
              Replicate_Ignore_DB:
               Replicate_Do_Table:
           Replicate_Ignore_Table:
          Replicate_Wild_Do_Table:
      Replicate_Wild_Ignore_Table:
                       Last_Errno: 0
                       Last_Error:
                     Skip_Counter: 0
              Exec_Master_Log_Pos: 245
                  Relay_Log_Space: 1113
                  Until_Condition: None
                   Until_Log_File:
                    Until_Log_Pos: 0
               Master_SSL_Allowed: No
               Master_SSL_CA_File:
               Master_SSL_CA_Path:
                  Master_SSL_Cert:
                Master_SSL_Cipher:
                   Master_SSL_Key:
            Seconds_Behind_Master: 0
Master_SSL_Verify_Server_Cert: No
                    Last_IO_Errno: 0
                    Last_IO_Error:
                   Last_SQL_Errno: 0
                   Last_SQL_Error:
      Replicate_Ignore_Server_Ids:
                 Master_Server_Id: 1
1 row in set (0.00 sec)

ERROR: No query specified
```

从上述示例中可以看到，Slave_IO_Running 与 Slave_SQL_Running 的状态都为 Yes，表示读写已经达到同步，主从复制搭建成功。

如果 Slave_IO_Running 或 Slave_SQL_Running 的状态不是 Yes，先关闭二进制日志，再手动使从数据库的数据与主数据库保持一致，最后开启二进制日志。注意，在对主数据库进行相关操作时，先进入指定库再操作。因为从数据库的所有操作都依赖于主数据库同步的二进制日志，私自操作可能会引起服务器线程同步出错。所以在从数据库库私自操作之前一定要先关闭二进制日志，做完相关操作后再开启同步。

13.5.3 验证主从复制

下面将模拟用户访问网站，并填写信息与数据库进行交互的方式，验证主从复制是否生效。
首先，在网站首页单击"默认板块"进入编辑界面，如图 13.16 所示。

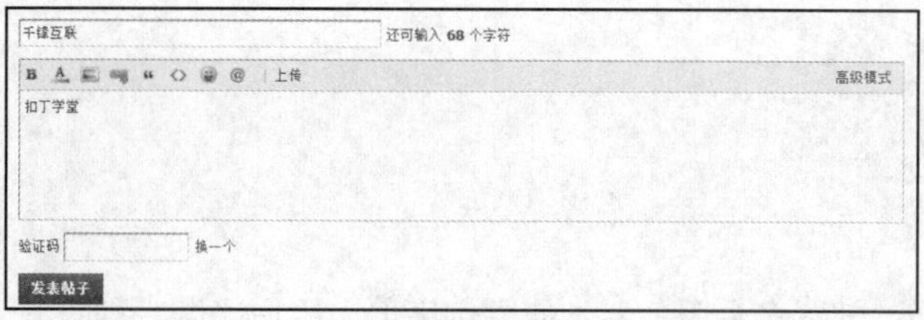

图 13.16　编辑界面

编辑完成之后，单击"发表帖子"即可。

接着，在 mariadb_slave 服务器数据库中查看用户信息是否被复制，示例代码如下：

```
[root@mariadb_slave ~]# mysql -uroot -p123456
Welcome to the MariaDB monitor.  Commands end with ; or \g.
Your MariaDB connection id is 65
Server version: 5.5.64-MariaDB MariaDB Server

Copyright (c) 2000, 2018, Oracle, MariaDB Corporation Ab and others.

Type 'help;' or '\h' for help. Type '\c' to clear the current input statement.

MariaDB [(none)]> use bbs;
Reading table information for completion of table and column names
You can turn off this feature to get a quicker startup with -A

Database changed
```

再查看发帖信息，如图 13.17 所示。

```
MariaDB [bbs]> select * from pre_forum_post;
+------+------+------+-------+--------+----------+-----------+
| pid  | fid  | tid  | first | author | authorid | subject   |
| ratetimes  | status | tags | comment | replycredit | position |
+------+------+------+-------+--------+----------+-----------+
|    4 |    2 |    4 |     1 | admin  |        1 | 千峰互联  |
|    0 |    0 |      |     0 |        |        0 |         1 |
+------+------+------+-------+--------+----------+-----------+
1 row in set (0.00 sec)
```

图 13.17　查看发帖信息

从图 13.17 中可以看到，在 mariadb_slave 服务器数据库中查看了专门用于记录用户帖子的 "pre_forum_post" 表，并且在表中查到了帖子的信息。证明用户通过反向代理服务器访问到了 Web 服务，并与主数据库服务器进行了交互，交互产生的信息又被从数据库复制了。

13.6　本章小结

本章讲解了 Nginx 的优化方案、分布式集群、Keepalived 高可用方案、动静分离部署及数据库主从复制部署。通过本章的学习，读者应首先能够了解 Nignx 优化的方式和方向，其次能够熟悉分布式集群的优势，最后能够掌握搭建分布式集群以及增强网站服务可用性的具体方式。

13.7 习题

1. 填空题

（1）_____是通过部署多台服务器，使它们集中为用户提供一种服务，并且从客户端的角度看只是一台服务器。

（2）集群中的节点通常有三种状态，分别是_____、_____、_____。

（3）通常集群的实现方式有两种，分别是_____与_____。

（4）_____相当于一种工作方式，将工作分为几个部分，分别交由不同节点进行处理，也就是由多个节点共同完成一项任务。

（5）分布式中的每一个节点都可以做_____，但_____不一定是分布式的。

2. 选择题

（1）下列选项中，不属于 Nginx 优化方案的是（　　　）。

    A. 开启防盗链　　　　　　　　　　　　B. 优化最大连接数

    C. 修改静态资源缓存时间　　　　　　　D. 主从复制

（2）Keepalived 具有（　　）协议的功能，并以该功能为基础实现高可用。

    A. VRRP　　　　　B. ICMP　　　　　C. HTTP　　　　　D. TCP

（3）通常，高可用的配置都是为了防止（　　）故障，保证在一台服务器宕机的同时还能提供服务。

    A. 全局　　　　　B. 单点　　　　　C. 路由　　　　　D. 通信

（4）在 Web 架构中，将动态资源与静态资源分别部署在不同系统中的架构设计方案为（　　　）。

    A. 高可用　　　　B. 主从复制　　　　C. 一主多从　　　　D. 动静分离

（5）在数据主从复制的过程中，将数据复制到中继日志中的线程是（　　　）。

    A. SQL 线程　　　B. I/O 线程　　　C. 工作线程　　　D. 监听线程

3. 简述题

（1）简述集群与分布式的区别。

（2）简述 Keepalived 高可用方案的工作原理。

4. 操作题

通过 Nginx 与 MariaDB 搭建一个包含高可用、动静分离及主从复制的完整网站架构。